普通高等教育·力学系列教材·应用型

材 料 力 学

刘新柱 主 编
石凤斌 刘明普 副主编
陈 振 主 审

人民交通出版社股份有限公司
北 京

内 容 提 要

为跟上高等教育改革的时代步伐，按照材料力学教学大纲的要求，参照教育部高等学校教材指导委员会力学基础课程教学指导分委员会提出的材料力学课程教学基本要求，我们编写了本书。编写时注重知识体系的完整性和实用性，又突出试验与实践教学，增加了结合工程实际的基础训练题，其目的就是针对学生的特点，使其在对基础理论知识理解和掌握的基础上，加强实践能力与试验技能的培养。全书共分11章，主要内容包括绪论、轴向拉伸和压缩、剪切、扭转、弯曲内力、弯曲应力、弯曲变形、应力状态与强度理论、组合变形、压杆稳定、能量法等。

本书可作为高等院校机械、土建、水利、航空等专业的材料力学课程教材，也可以供高职院校、独立学院等作为教材使用，还可作为有关技术人员的自学用书。

图书在版编目(CIP)数据

材料力学 / 刘新柱主编. — 北京：人民交通出版社股份有限公司，2021.1
ISBN 978-7-114-16824-6

Ⅰ.①材… Ⅱ.①刘… Ⅲ.①材料力学—高等学校—教材 Ⅳ.①TB301

中国版本图书馆 CIP 数据核字(2020)第 167705 号

普通高等教育·力学系列教材·应用型
Cailiao Lixue

书 名：	材料力学
著 作 者：	刘新柱
责任编辑：	李 瑞
责任校对：	孙国靖　宋佳时
责任印制：	张 凯
出版发行：	人民交通出版社股份有限公司
地　　址：	(100011)北京市朝阳区安定门外外馆斜街3号
网　　址：	http://www.ccpcl.com.cn
销售电话：	(010)59757969
总 经 销：	人民交通出版社股份有限公司发行部
经　　销：	各地新华书店
印　　刷：	北京虎彩文化传播有限公司
开　　本：	787×1092　1/16
印　　张：	13
字　　数：	305千
版　　次：	2021年1月　第1版
印　　次：	2023年8月　第1版　第3次印刷
书　　号：	ISBN 978-7-114-16824-6
定　　价：	38.00元

(有印刷、装订质量问题的图书由本公司负责调换)

前言

材料力学是很多工科专业一门重要的专业基础课,在专业学习中起着承上启下的作用。本课程的教学目标是让学习者对构件的强度、刚度和稳定性问题建立明确的基本概念,掌握必要的基础知识,具备比较熟练的计算能力和初步的试验分析能力。

材料力学的任务是研究构件的强度、刚度和稳定性的计算原理和方法,在既安全又经济的条件下,为构件选择适宜的材料,确定合理的截面形状和尺寸。

随着现代科学技术的飞速发展,新材料、新技术、新方法不断涌现,对教师和学生也提出了新的更高的实践性要求,为适应这种要求,我们在总结多年理论与实践教学经验的基础上,并汲取了国内许多优秀教材的长处而编写了本书。

本书内容丰富,定位适中,既突出了基本概念和基本理论,又注重了内容上的拓宽和更新,加强了工程概念和工程应用的内容;既力求用较少的课时完成基本教学要求,又为各种不同的需要提供了较大的选择余地。

本书第1、2、4、8、10章由佳木斯大学刘新柱编写;第3、5、6、7章由佳木斯大学石凤斌编写;第9、11章及附录由佳木斯大学刘明普编写。全书由刘新柱统稿,由佳木斯大学陈振副教授主审。

书中的主要符号、术语等完全采用国家标准。

由于作者水平有限,书中难免有不妥之处,欢迎各位读者批评指正。

编 者
2020 年 11 月

目录

第 1 章　绪论 ··· 1
　1.1　材料力学的任务 ·· 1
　1.2　可变形固体的基本假设 ··· 2
　1.3　材料力学中的基本概念 ··· 2
　　1.3.1　外力、内力及应力的概念 ··· 2
　　1.3.2　位移、变形与应变 ·· 4
　1.4　杆件变形的基本形式 ·· 5
　本章小结 ··· 7
　习题 ··· 7

第 2 章　轴向拉伸和压缩 ·· 8
　2.1　工程中的轴向拉伸和压缩实例 ·· 8
　2.2　轴力和轴力图 ··· 8
　2.3　拉压杆截面上的应力 ··· 10
　　2.3.1　横截面上的应力 ·· 10
　　2.3.2　斜截面上的应力 ·· 12
　2.4　拉压杆的变形 ··· 13
　　2.4.1　纵向变形与纵向应变 ·· 13
　　2.4.2　横向变形与横向应变 ·· 13
　　2.4.3　胡克定律 ·· 13

2.5 材料在拉伸和压缩时的力学性能 ·· 17
   2.5.1 材料的拉伸与压缩试验 ·· 17
   2.5.2 低碳钢拉伸时的力学性能 ·· 18
   2.5.3 铸铁拉伸时的力学性能 ·· 21
   2.5.4 低碳钢和铸铁材料压缩时的力学性能 ··· 21
2.6 拉压杆的强度计算 ··· 22
   2.6.1 许用应力和安全系数 ··· 22
   2.6.2 构件轴向拉伸和压缩时的强度计算 ··· 22
2.7 拉压杆的超静定问题 ··· 25
2.8 应力集中 ·· 29
本章小结 ·· 30
习题 ··· 31

第3章 剪切 ··· 34
3.1 工程中的剪切实例 ··· 34
3.2 连接件的剪切与挤压强度实用计算 ·· 35
   3.2.1 剪切强度的实用计算 ··· 35
   3.2.2 挤压强度的实用计算 ··· 37
本章小结 ·· 39
习题 ··· 39

第4章 扭转 ··· 41
4.1 工程中的扭转实例 ··· 41
4.2 扭矩和扭矩图 ··· 41
   4.2.1 轴外力偶矩的计算 ··· 41
   4.2.2 轴扭转时的内力、扭矩和扭矩图 ··· 42
4.3 薄壁圆筒的扭转 ··· 44
   4.3.1 薄壁圆筒扭转时的应力 ··· 44
   4.3.2 薄壁圆筒扭转时的变形 ··· 45
   4.3.3 切应力互等定理 ·· 46
   4.3.4 纯剪切——剪切胡克定律 ·· 46
4.4 圆轴扭转时的应力和强度条件 ·· 47
   4.4.1 圆轴扭转时横截面上的应力 ··· 47
   4.4.2 极惯性矩 I_p 和抗扭截面模量 W_p 的计算 ······························· 49
   4.4.3 圆轴扭转时的强度条件 ··· 50

    4.5 圆轴扭转时的变形和刚度条件 …………………………………………………………… 52
        4.5.1 圆轴扭转时的变形 …………………………………………………………………… 52
        4.5.2 圆轴扭转时的刚度条件 ……………………………………………………………… 53
    本章小结 …………………………………………………………………………………………… 54
    习题 ………………………………………………………………………………………………… 55

第5章 弯曲内力 …………………………………………………………………………………… 58
    5.1 工程中的弯曲实例 ………………………………………………………………………… 58
        5.1.1 平面弯曲的实例 ……………………………………………………………………… 58
        5.1.2 梁的计算简图 ………………………………………………………………………… 59
    5.2 剪力和弯矩 ………………………………………………………………………………… 60
    5.3 剪力方程与弯矩方程、剪力图与弯矩图 ………………………………………………… 63
    5.4 载荷集度和剪力、弯矩之间的微分关系 ………………………………………………… 70
    本章小结 …………………………………………………………………………………………… 73
    习题 ………………………………………………………………………………………………… 73

第6章 弯曲应力 …………………………………………………………………………………… 76
    6.1 梁横截面上的正应力 ……………………………………………………………………… 76
        6.1.1 弯曲变形的基本假设 ………………………………………………………………… 76
        6.1.2 梁横截面上的正应力 ………………………………………………………………… 77
    6.2 梁横截面上的切应力 ……………………………………………………………………… 81
        6.2.1 矩形截面 ……………………………………………………………………………… 81
        6.2.2 圆形截面 ……………………………………………………………………………… 82
        6.2.3 工字形截面 …………………………………………………………………………… 83
    6.3 梁的弯曲强度条件 ………………………………………………………………………… 84
        6.3.1 弯曲正应力强度条件 ………………………………………………………………… 84
        6.3.2 弯曲切应力强度条件 ………………………………………………………………… 87
    6.4 梁的合理设计 ……………………………………………………………………………… 89
        6.4.1 合理选取截面形状 …………………………………………………………………… 89
        6.4.2 合理布置梁的载荷和支座 …………………………………………………………… 90
        6.4.3 合理设计梁的外形 …………………………………………………………………… 91
    本章小结 …………………………………………………………………………………………… 92
    习题 ………………………………………………………………………………………………… 93

第7章 弯曲变形 …………………………………………………………………………………… 96
    7.1 梁的挠度与转角 …………………………………………………………………………… 96

7.2 梁的挠曲线近似微分方程 ·············· 97
7.3 积分法求梁的变形 ·············· 98
7.4 叠加法求梁的变形 ·············· 102
7.5 梁的刚度条件 ·············· 104
 7.5.1 梁的刚度条件 ·············· 104
 7.5.2 提高弯曲刚度的措施 ·············· 105
7.6 超静定梁 ·············· 105
本章小结 ·············· 107
习题 ·············· 108

第 8 章 应力状态与强度理论 ·············· 111
8.1 应力状态的概念 ·············· 111
8.2 二向应力状态分析——解析法 ·············· 112
 8.2.1 斜截面上的应力 ·············· 112
 8.2.2 极值应力 ·············· 114
8.3 二向应力状态分析——图解法 ·············· 117
8.4 三向应力状态分析 ·············· 121
8.5 广义胡克定律 ·············· 121
8.6 强度理论 ·············· 123
 8.6.1 强度理论概述 ·············· 123
 8.6.2 常用的四种强度理论 ·············· 123
本章小结 ·············· 126
习题 ·············· 127

第 9 章 组合变形 ·············· 129
9.1 工程中的组合变形实例 ·············· 129
9.2 斜弯曲 ·············· 130
9.3 弯扭组合变形 ·············· 134
9.4 弯拉(压)扭组合变形 ·············· 136
9.5 偏心拉(压)与截面核心 ·············· 138
本章小结 ·············· 142
习题 ·············· 143

第 10 章 压杆稳定 ·············· 145
10.1 压杆稳定的概念 ·············· 145
10.2 压杆临界力的欧拉公式 ·············· 146

10.2.1 两端铰支压杆临界力的欧拉公式 ······ 146
10.2.2 不同杆端约束情况下压杆临界载荷的欧拉公式 ······ 148
10.3 欧拉公式的适用范围　经验公式 ······ 150
10.4 压杆的稳定性校核 ······ 153
10.5 提高压杆稳定性的措施 ······ 155
本章小结 ······ 156
习题 ······ 157

第11章　能量法 ······ 159

11.1 应变能及其计算 ······ 159
11.1.1 应变能的概念 ······ 159
11.1.2 应变能的计算 ······ 159
11.2 互等定理 ······ 161
11.3 余能 ······ 162
11.4 卡氏定理 ······ 163
11.5 莫尔定理 ······ 165
本章小结 ······ 171
习题 ······ 172

附录 ······ 174

附录A　简单载荷作用下梁的挠度和转角 ······ 174
附录B　型钢规格表 ······ 176
附录C　平面图形的几何性质 ······ 187
C.1 形心和静矩 ······ 188
C.1.1 形心 ······ 188
C.1.2 静矩 ······ 188
C.1.3 组合图形的静矩和形心 ······ 189
C.2 惯性矩和惯性积 ······ 190
C.2.1 惯性矩和极惯性矩 ······ 190
C.2.2 惯性积 ······ 192
C.3 平行移轴公式 ······ 193
C.4 惯性矩和惯性积的转轴公式 ······ 194
C.4.1 转轴公式 ······ 194
C.4.2 主惯性轴与主惯性矩 ······ 195

参考文献 ······ 197

第1章 绪 论

1.1 材料力学的任务

工程中遇到的各种机械或建筑物都是由若干零件(部件)组成的。这些零件(部件)称为构件,根据其几何特征可分为杆件、板、壳、块体等。

显然,要保证机械或建筑物安全地工作,组成它的各构件都必须安全可靠,即,构件要有足够的承受载荷的能力,简称承载能力。构件的承载能力主要体现在以下三个方面:

(1) 强度要求。在规定的载荷作用下,构件不能发生破坏。例如房屋建筑物的横梁不能折断,隧道不能坍塌,压力容器不能爆裂等。强度要求就是指构件在载荷作用下应具有足够的抵抗破坏的能力。

(2) 刚度要求。在载荷作用下,构件除了必须满足强度要求外,还不能有过大的变形。例如,铁路桥梁在列车通过时若变形过大,则必将影响列车的正常行驶,危及行车安全;机床主轴变形过大,将影响加工精度等。刚度要求就是指构件在载荷作用下应具有足够的抵抗变形的能力。

(3) 稳定性要求。有些细长的受压构件,如房屋中的柱、铁路桁架桥的受压弦杆、千斤顶的螺杆等,应始终维持原有的直线平衡形态,保证不被压弯。稳定性要求就是指构件在载荷作用下应具有足够的保持原有平衡状态的能力。

如果构件设计薄弱,或选用的材料不恰当,不能安全地工作,将会影响到构件所在整体的安全工作,甚至造成严重事故;另外,如果构件设计得过于强大,或选用的材料过好,虽然构件、整体都能安全工作,但构件的承载能力没有得到充分利用,既浪费材料又增加重量和成本,也是不可取的。

因此,构件的设计是否合理涉及相互矛盾的两个方面——安全性和经济性,即,既要有足够的承载能力,又要经济、适用。材料力学的任务就是在满足强度、刚度和稳定性要求的前提下,为设计既经济又安全的构件,提供必要的理论基础和计算方法。同时,材料力学还在基本概念、基本理论和基本方法等方面,为机械零件、结构力学等后续课程提供基础。

构件的强度、刚度和稳定性与其所用的材料有关。同样尺寸、形状的构件,当分别用不同的材料制作时,它们的强度、刚度和稳定性也各不相同。因此,对构件强度、刚度和稳定性的研究离不开对材料力学性质的研究。材料的力学性质需要通过试验的方法测定。试验研究和理论研究是材料力学缺一不可的两种基本研究方法。

1.2 可变形固体的基本假设

在外力作用下,一切固体都将发生变形,故称为**变形固体**。

构件所用的材料从物质结构到力学性能都是各不相同的,在进行强度、刚度和稳定性计算时,需要对材料加以理想化,一方面忽略某些枝节的、次要的因素,使问题得到简化;另一方面抓住主要的、共同的特征,使问题的解答满足工程中所要求的精确度。材料力学对材料有以下三个基本假设:

(1)连续性假设。认为物体在其整个体积内毫无空隙地充满了组成该物体的物质。实际上从其物质结构而言,组成固体的粒子之间是有空隙的,但这些空隙的大小和构件的尺寸相比极其微小,故假设固体内部是密实无空隙的。根据这一假设,物体内的一些物理量(例如应力、变形和应变等)就可用位置坐标的连续函数表示,便于利用高等数学中的微积分方法。

(2)均匀性假设。认为物体在其整个体积内材料的结构和性质都相同,认为材料质量的分布是均匀的,各点处的力学性能完全相同。就使用最多的金属来说,组成金属的各晶粒的力学性能并不完全相同。但因构件是由为数极多的晶粒无规则地排列组成,物体的力学性能是各晶粒的力学性能的统计平均值,所以可以认为各部分的力学性能是均匀的。根据这一假设,可在构件中截取任意微小部分进行研究,然后将所得的结论推广到整个构件。

(3)各向同性假设。认为物体在所有方向上均具有相同的物理和力学性能。从微观上讲,大多数工程材料不是各向同性的。例如金属材料,其单个晶粒呈结晶各向异性,但当它们形成多晶聚集体的金属时,排列无序,从统计平均值的观点来看,宏观上可认为是各向同性的。这个假设并不是对所有的材料都适用,存在着各向异性的材料,如木材、胶合板、纤维增强复合材料等,其中最重要的是正交各向异性。材料力学所研究的对象只限于各向同性可变形固体。

固体因外力作用而引起的变形,在不同情况下可能很小也可能相当大。但材料力学所研究的问题,限于变形的大小远远小于构件原始尺寸的情况。这样,在研究构件的平衡和运动时,就可忽略构件的变形,而按变形前的原始尺寸进行分析计算。今后将经常使用小变形的概念以简化分析计算。至于构件变形过大,超出小变形条件的情形,一般不在材料力学中讨论。

1.3 材料力学中的基本概念

1.3.1 外力、内力及应力的概念

1. 外力

外力是指物体所受到的来自其他物体的作用力。

按其来源分类,可分为主动力和约束反力。一般而言,主动力是载荷,约束反力是约束以力的形式来阻止被约束物体因载荷作用所产生的运动和运动趋势。

按其作用范围分类,可分为表面力和体积力。所谓表面力是指作用于物体表面的力,可进一步分为分布力和集中力。表面力是指连续作用于物体表面的较大面积上的力,例如液体对容器的压力等,其量纲是(力/长度^2),国际单位制中常用单位是牛顿每平方米(N/m^2)或千牛每平方米(kN/m^2)。所谓体积力是指连续分布于物体内部各点的力,例如物体的重力和惯性力等。其量纲是(力/长度^3),国际单位制中的单位是牛顿每立方米(N/m^3)或千牛每立方米(kN/m^3)。

按载荷随时间变化的情况分类,可把载荷分为静载荷和动载荷。若载荷缓慢地由零增加到某一定值以后即保持不变,或变动很不显著,即为静载荷。动载荷则指的是随时间改变的载荷。按其随时间变化的方式,动载荷又可分为交变载荷与冲击载荷。交变载荷是随时间作周期性变化的载荷,例如当齿轮转动时作用于每一个齿上的力都是随时间按周期变化的。冲击载荷则是物体的运动在瞬时发生突然变化所引起的载荷,例如汽锤杆在锻压时所受的载荷。

2. 内力

构件受到外力作用而产生变形时,构件内部各质点间的相对位置将发生变化,同时,各质点间的相互作用力也发生了改变。上述相互作用力由于物体受到外力作用而引起的改变量,就是材料力学中所研究的内力。严格地讲,它是由于外力的作用所引起的"附加内力",通常简称为**内力**。其特点是:内力随外力增加而增大,但有一定限度,超过这一限度,构件就会发生破坏。

3. 截面法

为了揭示在外力作用下构件所产生的内力,确定内力的大小和方向,通常采用**截面法**。

一个物体受外力作用处于平衡状态,假想用一个平面把物体截为Ⅰ、Ⅱ两部分,如图 1-1a)所示,则截面上一定存在分布的内力系,如图 1-1b)所示。由于整体是平衡的,截开的每一部分也必然是平衡的,每一部分原有的外力与截面上所暴露的内力组成平衡力系,利用静力平衡方程可求出内力。这样求出的内力实际上是内力的合力(力或力偶)。

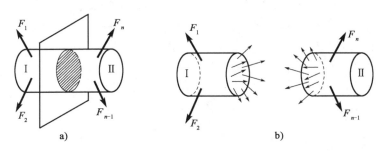

图 1-1

上述求解内力的方法称为**截面法**,其具体实施步骤如下:

第一步:截断。如果要求杆件上任一横截面上的内力,就用一假想平面从所求内力处将杆件截开为两部分,如图 1-1a)所示。

第二步:取出。取出其中的任一部分(如左边部分)弃去另一部分,将原来作用在取出部分上的外力画出,如图 1-1b)所示。

第三步:代替。弃去部分对保留部分的作用以作用在截面上的内力代替,如图1-1b)所示。

第四步:平衡求解。因总体平衡,部分也应平衡,列出静力学平衡方程求解未知内力。

4. 应力

仅仅靠内力不足以描述构件的强度,因为只考虑内力的大小而不考虑承受此内力的截面的大小,是不能确定此构件的承载能力的,所以需要讨论内力的密集程度。若内力在截面上是均匀分布的,那么用截面上的内力除以截面面积,就得到单位面积上的内力,称为**应力**。

一般情况下,内力并非均匀分布。如图1-2a)所示,截面上围绕 M 点取微小面积 ΔA,设 ΔA 上分布内力的合力为 ΔF_R,那么称

$$P_m = \frac{\Delta F_R}{\Delta A} \tag{1-1}$$

为 ΔA 上的平均应力。P_m 的大小随 ΔA 的大小而改变,如图1-2b)所示,当所取的微面积趋于无穷小时,上述平均应力趋于一极限值,即

$$P = \lim_{\Delta A \to 0} \frac{\Delta F_R}{\Delta A} \tag{1-2}$$

称为 M 点的总应力,若将 P 分解为两个分量,一个沿截面法向方向为 σ,一个沿截面切线方向为 τ,则称 σ 为正应力,τ 为切应力,则有

$$P^2 = \sigma^2 + \tau^2 \tag{1-3}$$

应力的量纲为(力/长度^2)。在国际单位制中,应力常用的单位为帕斯卡,简称帕(Pa)。$1Pa = 1N/m^2$。因为以 Pa 为单位表示的应力值太小,因此工程中常用 MPa 和 GPa 作为应力的单位,$1MPa = 10^6 Pa$,$1GPa = 10^9 Pa$。

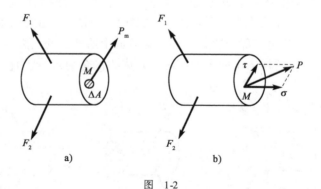

图 1-2

1.3.2 位移、变形与应变

物体受力后,其形状和尺寸的改变称为**变形**,怎样描述变形呢?首先定义两个基本量:

物体变形时,其中任意一点将产生移动,这种移动称为线位移;

物体变形时,其中的线段或平面会发生转动,这种转动称为角位移。

如图1-3所示,左端固定、右端自由的杆件,受到集中载荷 P 作用后,变形为图中虚线所示形状,这时杆端点 A 的线位移为 $y = AA_1$,杆端平面的角位移为 θ。

线位移和角位移并不足以完全表示变形(构件作刚性运动时也会产生线位移、角位移),还可用线段伸长和缩短、角度的扩大和缩小来描述物体的变形,即称线段长度的改变为线变形,角度的改变为角变形。

由于研究的对象是均匀连续的,可以将物体看作由许多微小的正六面体组成,首先研究每一个六面体的变形,然后再组合成物体整体变形。

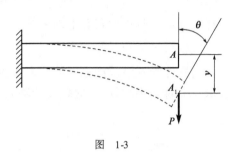

图 1-3

如图 1-4 所示,对于一个微小的正六面体,变形可用以下两种形式描述:

(1) 棱边长度的改变;
(2) 棱边之间所夹直角的改变。

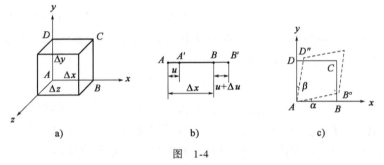

图 1-4

图 1-4a)所示为正六面体的初始状态,其沿 x 轴方向的棱边 AB 原长为 Δx,变形后为 $\Delta x + \Delta u$,如图 1-4b)所示,其中 Δu 为 AB 线段的绝对变形,其大小与棱边的原长度有关。当 AB 线段内各点处的变形程度相同时,则比值

$$\varepsilon = \frac{\Delta u}{\Delta x} \tag{1-4}$$

称为线段 AB 的线应变。它是一个无量纲的量。若线段 AB 内各点处的变形程度不同,则此比值是线段 AB 的平均线应变。当 Δx 趋于零时,AB 上任意点 M 沿 x 方向的线应变即为

$$\varepsilon_x = \lim_{\Delta x \to 0} \frac{\Delta u}{\Delta x} = \frac{\mathrm{d}u}{\mathrm{d}x} \tag{1-5}$$

当构件发生变形后,上述正六面体除棱边的长度发生改变外,两条垂直线段 AD 和 AB 之间的夹角也可能发生变化,如图 1-4c)所示,不再保持为直角,这种直角角度的改变量称为切应变,用符号 γ 表示。它也是一个无量纲的量。

显然,当整个物体变形时,它所包含的所有微小单元体也将随着变形,而每一单元体的变形不外乎各棱边长度的改变和各棱边间(或各平面间)角度的改变两种。故无论实际物体的变形怎样复杂,都可以把它看作是两种基本应变的综合。

1.4 杆件变形的基本形式

杆件受力的情况各种各样,相应的变形也形式各异。如前所述,就包含杆件一点的一个单

元体而言,它的应变不外乎线应变和切应变,所有的单元体变形的积累形成杆件整体的变形。而杆件变形的基本形式有下列4种。

1. 轴向拉伸和压缩

当杆件受到沿轴线方向的拉力或压力作用时,杆件将产生轴向伸长或缩短变形。直杆两端承受一对大小相等、方向相反的轴向力是最简单的情况,如图1-5所示。

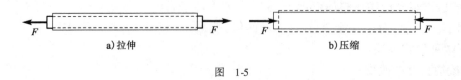

图 1-5

2. 剪切

这类变形是由大小相等、方向相反、作用线相互平行且沿杆件横向作用的一对力引起的,表现为受力杆件的两部分沿外力作用方向发生相对错动,如图1-6所示。机械中常用的连接件,如键、销钉、螺栓等均发生此类变形。

3. 扭转

当作用在杆件上的力可组成横截面内的力偶时(力偶矢量方向与杆件轴线相同),杆件的横截面将绕其轴线相互转动,这样的受力变形形式称为扭转。图1-7表示了一对转向相反、力偶矩大小相等的两个力偶分别作用在杆端截面上引起扭转变形的情形。

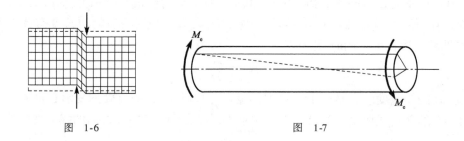

图 1-6　　　　　　　　　　图 1-7

4. 弯曲

这类变形的发生是由垂直于杆件轴线的横向力,或由作用面位于包含受力构件轴线的纵向平面内的力偶引起的,表现为杆件轴线由直线变为曲线,如图1-8所示。在工程中,受弯杆件是常见情形之一,例如起重机的大梁,各种心轴以及车刀等均发生此类变形。

图 1-8

上述为杆件的基本变形,一些复杂变形可以看成是几种基本变形的组合,这时的变形称为组合变形。

本章小结

本章主要介绍了材料力学中的基本概念。主要内容如下：
(1) 材料力学研究的问题是构件的强度、刚度和稳定性。
(2) 对材料所作的基本假设是：连续性假设、均匀性假设以及各向同性假设。
(3) 材料力学研究的构件主要是杆件，且是小变形杆件。
(4) 内力是指在外力作用下，物体内部各部分之间的相互作用。显示和确定内力可用截面法。应力是单位面积上的内力集度。应力可用正应力与切应力表示。
(5) 构件任一点的应变只有线应变和切应变两种。
(6) 杆件的四种基本变形形式是：轴向拉伸和压缩、剪切、扭转以及弯曲。

习题

1-1　构件的强度、刚度、稳定性的定义是什么？
1-2　材料力学对变形固体作了哪些基本假设？假设的根据是什么？
1-3　什么是外力？怎样求外力？
1-4　什么是内力？怎样求内力？
1-5　什么是应力？它与内力的关系是什么？
1-6　位移、变形和应变的区别和联系是什么？

第 2 章
轴向拉伸和压缩

2.1 工程中的轴向拉伸和压缩实例

在工程结构和机械设备中,经常会遇到承受轴向拉伸和轴向压缩的等直杆件。例如组成起重机槽架的杆件,房屋桁架中的各杆件等,如图 2-1 所示。本章主要讨论等直杆的轴向拉伸与压缩。

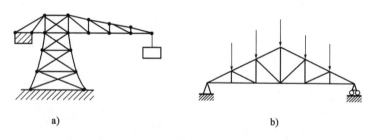

图 2-1

以上提到的受拉或受压杆件,虽然形状各有不同,受力方式也不相同,但都可以简化为如图 1-5 所示的计算简图。图中用实线表示杆件受力前的形状,虚线表示受力变形后的形状。它们的共同特点是:作用于杆件上的外力合力的作用线与杆件轴线重合,杆件产生沿轴线方向的伸长或缩短。本章将讨论这类杆件的强度和刚度的计算以及材料的力学性能等。

2.2 轴力和轴力图

为了显示拉(压)杆横截面上的内力,假想沿横截面 $m-m$ 将杆件分成左右两部分,如图 2-2a)所示。任取其中一部分(如左半部分)作为研究对象,如图 2-2b)所示,将弃去的右半部分对保留的左半部分的作用以内力 F_N 来代替。由左半部分的平衡条件得

$$\sum F_x = 0, F_N - P = 0$$

解得

$$F_N = P$$

结果为正,表明所设内力方向正确。取右段计算结果也一样,所得内力与由左段求得的大小相等,但方向相反,如图 2-2c)所示。

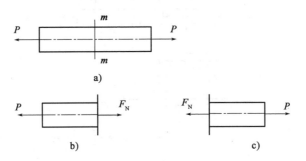

图 2-2

图 2-2 中由于外力 P 的作用线与杆件的轴线重合,内力 F_N 的作用线也一定与杆件轴线重合,这种内力称为**轴力**。材料力学中规定:使杆件受拉而伸长的轴力为正,受压而缩短的轴力为负。因此,对于图 2-2 所示的受拉杆件,无论取左半部分还是取右半部分为研究对象,所求得的内力都具有相同的大小和符号。

如沿杆件轴线上作用有多个外力,则在杆件各部分的横截面上轴力也会随之而变化。为了较直观、明显地表示各横截面上的轴力,常采用轴力图。轴力图的绘制方法可通过下面的例题予以说明。

例 2-1 已知 $F_1 = 10 \text{ kN}, F_2 = 20 \text{ kN}, F_3 = 35 \text{ kN}, F_4 = 25 \text{ kN}$,试绘制图 2-3a)所示杆件的轴力图。

解:为求 AB 段内的轴力,用一假想的截面 1—1 从 AB 段任一截面将杆截开并取出左段为研究对象,如图 2-3b)所示。设 1—1 截面的轴力 F_{N1} 为正,由此段的平衡条件得

$$\sum F_x = 0, -F_1 + F_{N1} = 0$$

解得

$$F_{N1} = 10\text{kN}$$

结果为正,说明 F_{N1} 的方向与假设方向相同,为拉力。由于 1—1 截面是在 AB 段内任取的,所以 AB 段内任一截面的轴力都为 10kN。

为求 BC 段内的轴力,用一假想的截面 2—2 从 BC 段任一截面将杆截开,并取出左段为研究对象,如图 2-3c)所示。同样,假设轴力 F_{N2} 为正,由此段的平衡条件得

$$\sum F_x = 0, -F_1 + F_2 + F_{N2} = 0$$

解得

$$F_{N2} = -10\text{kN}$$

结果为负值,说明 F_{N2} 的真实方向应与图中方向相反,为压力。

同理可求 CD 段内任一横截面上的内力 F_{N3},如图 2-3d)所示,由

$$\sum F_x = 0, -F_{N3} + F_4 = 0$$

解得

$$F_{N3} = 25\text{kN}$$

各段内的轴力求出后,在 x-F_N 坐标系中,标出各段轴力的大小和正负,即得轴力图,如图 2-3e)所示。

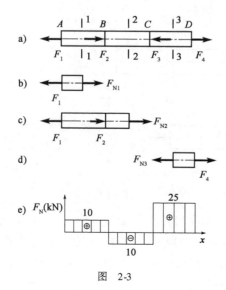

图 2-3

由此例可知,应用截面法计算轴力时,对未知轴力应假设其为正。计算结果为正,说明与假设方向相同,轴力为拉力;结果为负,说明真实轴力方向与假设方向相反,轴力为压力。另外,根据所得结果作出的轴力图也不致出错。

2.3 拉压杆截面上的应力

仅根据轴力并不能判断受轴向拉伸或压缩的杆件是否有足够的强度。例如,用同一种材料制成粗细不同的两根杆,在相同的拉力下,两杆的轴力相同。但随拉力逐渐增大,细杆必定先被拉断。这说明杆件的强度不仅与轴力的大小有关,还与杆件的横截面面积有关。所以必须用应力来比较和判断杆件的强度。

2.3.1 横截面上的应力

为了计算拉压杆的强度,仅知道横截面上的内力还不够,还要进一步研究内力在截面上的分布集度,即应力的大小。由于轴力 F_N 垂直于横截面,故在横截面上应存在正应力 σ,因为只有与 σ 相应的法向内力元素 $\sigma \mathrm{d}A$ 才可能组成轴力 F_N,并且有

$$\int_A \sigma \mathrm{d}A = F_N \qquad (2\text{-}1)$$

由于正应力 σ 在横截面上的分布规律尚不知,故仅有静力关系式(2-1)还不能由 F_N 求出 σ。但可以通过试验来观察拉压杆的变形规律,从而推测应力在截面上的分布规律。

等直杆如图 2-4 所示,变形前在杆的侧表面上画垂直于杆轴线的直线 ab 和 cd(图中实线

所示),然后在杆的两端施加轴向拉力 F_p。从变形后的杆(图中虚线所示)可以观察到 ab 和 cd 分别平行地移到 $a'b'$ 和 $c'd'$,它们仍为直线,并且仍然垂直于轴线。

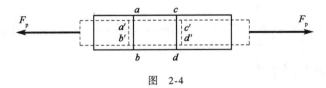

图 2-4

根据观察到的表面变形现象,从变形的可能性出发,作出内部变形的假设:变形前为平面的横截面,变形后仍保持为平面。这个假设称为平面假设。

根据平面假设,拉杆变形后两横截面作相对平移。如果假设杆件是由许多平行于轴线的纵向纤维组成的,则任意两横截面间的所有纵向纤维的伸长均相同,即伸长变形是均匀的。由材料的均匀性假设可知各纵向纤维的力学性质相同,并且变形与力之间存在对应关系,可以推知横截面上的正应力是均匀分布的。因此,由式(2-1)可得

$$F_N = \int_A \sigma dA = \sigma \int_A dA = \sigma A$$

即

$$\sigma = \frac{F_N}{A} \tag{2-2}$$

式(2-2)即为拉杆横截面上正应力的计算公式。对于压杆,式(2-2)同样适用,只是轴力 F_N 为负值。

正应力 σ 的正负号规定与轴力 F_N 相同,即拉应力为正,压应力为负。

还需指出,变形后的纵向线与横向线的夹角仍保持直角不变,说明没有切应变产生,因此可知轴向拉压杆横截面上的切应力为零。

例 2-2 试求图 2-5 所示中部对称开槽直杆横截面 1—1 和 2—2 上的正应力。

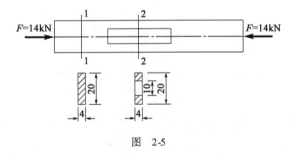

图 2-5

解:利用截面法可得杆的轴力为

$$F_N = -14\text{kN}$$

杆的横截面面积

$$A_1 = 20 \times 4 = 80 \, (\text{mm}^2) = 8.0 \times 10^{-5} \, (\text{m}^2)$$
$$A_2 = (20 - 10) \times 4 = 40 \, (\text{mm}^2) = 4.0 \times 10^{-5} \, (\text{m}^2)$$

代入正应力计算式(2-2),可得

横截面 1—1 的应力

$$\sigma = \frac{F_N}{A_1} = \frac{-14 \times 10^3}{8 \times 10^{-5}} = -175 \times 10^6 (\text{Pa}) = -175 (\text{MPa})$$

横截面2—2的应力

$$\sigma = \frac{F_N}{A_2} = \frac{-14 \times 10^3}{4 \times 10^{-5}} = -350 \times 10^6 (\text{Pa}) = -350 (\text{MPa})$$

2.3.2 斜截面上的应力

前面讨论了轴向拉伸和压缩直杆横截面上的应力,其为今后强度计算的依据。但不同材料的试验表明,拉(压)杆的破坏并不总是沿横截面发生,有时是沿斜截面发生的,因此,要全面地分析杆件在轴向拉压时的破坏情况,需要进一步了解斜截面上的应力。

图2-6所示的拉杆,若横截面面积为A,则横截面上的应力$\sigma = \frac{F_N}{A} = \frac{P}{A}$。现分析与横截面夹角为$\alpha$的某一斜截面上的应力,如图2-6b)所示,由截面法得该斜截面上的内力为

$$F_\alpha = P$$

与横截面上的正应力σ类似,斜截面上的应力P_α也是均匀分布的,即

$$P_\alpha = \frac{F_\alpha}{A_\alpha} = \frac{P}{\frac{A}{\cos\alpha}} = \frac{P}{A}\cos\alpha = \sigma\cos\alpha \tag{2-3}$$

一般称P_α为全应力,将其分解为垂直于斜截面方向的正应力σ_α和平行于斜截面方向的切应力τ_α,如图2-6c)所示,它们分别为

$$\sigma_\alpha = P_\alpha\cos\alpha = \sigma\cos^2\alpha \tag{2-4}$$

$$\tau_\alpha = P_\alpha\sin\alpha = \sigma\cos\alpha\sin\alpha = \frac{\sigma}{2}\sin2\alpha \tag{2-5}$$

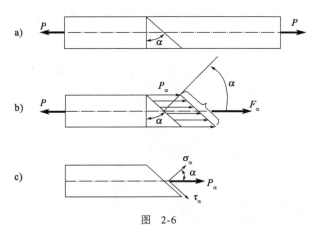

图 2-6

以上讨论同样适用于轴向压缩变形的杆件。上述分析说明:

(1)轴向拉(压)时,杆件斜截面上同时存在正应力和切应力,它们的大小随截面方位角α变化。

(2)最大正应力发生在$\alpha = 0°$的截面,即横截面,$\sigma_{max} = \sigma_{0°} = \sigma$,横截面上$\tau_{0°} = 0$。

(3)绝对值最大的切应力发生在$\alpha = \pm 45°$的斜截面上,$|\tau|_{max} = |\tau_{\pm 45°}| = \frac{1}{2}\sigma$,这两个截

面上的正应力为 $\sigma_{\pm 45°} = \dfrac{\sigma}{2}$。

(4) 在 $\alpha = 90°$ 的纵截面上既无正应力,也无切应力。

2.4 拉压杆的变形

直杆在轴向拉伸或压缩时,将引起轴向尺寸的伸长或缩短,以及横向尺寸的缩短或伸长。设等直杆在变形前原长为 l,横向尺寸为 d;变形后杆的长度变为 l_1,横向尺寸变为 d_1,如图 2-7 所示。杆件沿轴向的变形称为纵向变形,沿横向的变形称为横向变形。下面分别予以说明。

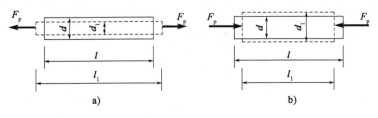

图 2-7

2.4.1 纵向变形与纵向应变

用变形后纵向的长度减去原长度即可得纵向的变形量,即

$$\Delta l = l_1 - l$$

称 Δl 为纵向变形,它反映了杆件总的纵向变形量,但不能反映变形的程度。为此,记

$$\varepsilon = \dfrac{\Delta l}{l} \tag{2-6}$$

称 ε 为纵向线应变,简称线应变,它反映了杆件纵向变形的程度。ε 是一个无量纲的量,它的正负号规定与 Δl 相同,拉伸时为正,压缩时为负。

2.4.2 横向变形与横向应变

$$\Delta d = d_1 - d$$

称 Δd 为横向变形,其相应的横向应变记为 ε',即

$$\varepsilon' = \dfrac{\Delta d}{d} \tag{2-7}$$

2.4.3 胡克定律

对于一般工程材料制成的轴向受拉(压)杆,试验证明:当杆内的应力未超过材料的某一极限值时(下节将说明这一极限值就是材料的比例极限),杆的伸长或缩短量 Δl 与杆所受的外力 F_p 及杆的原长 l 呈正比,而与其横截面积 A 呈反比,即

$$\Delta l \propto \dfrac{F_p l}{A}$$

引入比例常数 E,则有

$$\Delta l = \frac{F_p l}{EA}$$

由于 $F_p = F_N$,故上式又可写为

$$\Delta l = \frac{F_N l}{EA} \tag{2-8}$$

这一比例关系称为胡克定律。式中的比例常数 E 称为弹性模量,其值随材料而异,由试验测定,单位是 Pa(MPa 或 GPa)。式中的 EA 反映了材料在拉伸或压缩时抵抗弹性变形的能力,称为抗拉(压)刚度。对于长度和受力均相同的拉压杆而言,其抗拉压刚度越大,则杆的变形越小,所以它是反映杆件抵抗拉伸或压缩变形能力大小的一个力学量。

应用式(2-8)即可根据外力 F_p 或轴力 F_N 求杆的伸长或缩短量,Δl 的正负号与 F_N 一致。将式(2-8)稍加改写,则有

$$\frac{\Delta l}{l} = \frac{1}{E} \cdot \frac{F_N}{A}$$

即

$$\varepsilon = \frac{\sigma}{E}$$

或

$$\sigma = E\varepsilon \tag{2-9}$$

这是胡克定律的另一种表述形式,它比式(2-8)具有更普遍的意义。因此胡克定律也可叙述如下:在比例极限内,杆的正应力 σ 与线应变 ε 呈正比。

试验还表明,当应力不超过比例极限时,横向线应变与纵向线应变呈正比,但符号相反,即

$$\varepsilon' = -\mu\varepsilon \tag{2-10}$$

式中,μ 称为泊松比,是无量纲的量,它和弹性模量 E 一样,都是材料的固有弹性常数。表 2-1 给出了工程中几种常用材料的弹性模量 E 和泊松比 μ 的值。

几种常用材料的 E 和 μ 值　　　　　表 2-1

材 料 名 称	E(GPa)	μ
碳素钢	196 ~ 216	0.24 ~ 0.28
合金钢	186 ~ 206	0.25 ~ 0.30
灰铸铁	78.5 ~ 157	0.23 ~ 0.27
铜及其合金	72.6 ~ 128	0.31 ~ 0.42
铝合金	70	0.33

例 2-3 一钢制直杆,其各段长度及载荷情况如图 2-8a)所示。各段横截面面积分别为 $A_1 = A_3 = 300 \text{ mm}^2$,$A_2 = 200 \text{ mm}^2$。材料弹性模量 $E = 200\text{GPa}$。试计算杆件各段的轴向变形,并确定截面 D 的位移。

解:(1)作杆件的轴力图。

用截面法计算各段的轴力,并作轴力图,如图 2-8b)所示。

(2)杆件各段轴向变形量的计算。

由式(2-8)可得各段轴向变形为

$$\Delta l_{AB} = \frac{F_{NAB} l_{AB}}{EA_{AB}} = \frac{40 \times 10^3 \times 10^3}{200 \times 10^3 \times 300} = 0.67 \times 10^{-3} \text{m} \approx 0.67 (\text{mm})(伸长)$$

$$\Delta l_{BC} = \frac{F_{NBC} l_{BC}}{EA_{BC}} = \frac{-20 \times 10^3 \times 2 \times 10^3}{200 \times 10^3 \times 200} = -1 \times 10^{-3} \text{m} = -1 (\text{mm})(缩短)$$

$$\Delta l_{CD} = \frac{F_{NCD} l_{CD}}{EA_{CD}} = \frac{30 \times 10^3 \times 10^3}{200 \times 10^3 \times 300} = 0.5 \times 10^{-3} \text{m} = 0.5 (\text{mm})(伸长)$$

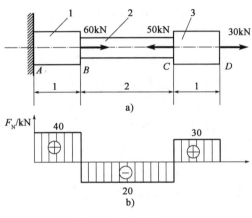

图 2-8 （尺寸单位：m）

（3）截面 D 位移的确定。

杆件在左端截面 A 处固定，考虑到各段的伸长或缩短对位移的不同影响，截面 D 的轴向位移为

$$\Delta = 0.67 - 1 + 0.5 = 0.17 (\text{mm})(向右)$$

工程结构中，构件的变形以及由此而引起结构各点的位移，与构件原始尺寸相比都是很小的量。材料力学中只研究这种小变形情况。在建立静力平衡方程时，不考虑外力作用点位置因构件变形而发生的变化。即构件的内力分析与计算（以及在此基础上的应力计算和强度计算），仍按构件的原始尺寸和外力作用点的原始位置进行。这样做不但引起的误差很小，还可使计算大为简化。

此外，在杆系结构节点位移的计算中，可根据小变形的概念，对位移的几何模型作出一定的简化。这一点将通过下面的例题进行说明。

例 2-4 已知起重吊架结构如图 2-9a)所示，杆 AB 与 AC 的夹角 $\alpha = 30°$。重力 F 作用于节点 A 处。AB 为圆截面杆，直径 $d = 50\text{mm}$。AC 由两根 10 号槽钢组合而成。杆 AB 的长度 $l_{AB} = 2\text{m}$。杆 AB 与 AC 材料的弹性模量 $E = 210\text{GPa}$。重力 $F = 100\text{kN}$，不计各杆的自重。试计算节点 A 的位移。

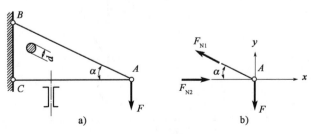

图 2-9

解：(1) 杆系内力分析。

采用截面法，围绕节点 A 将杆 AB、AC 切开，取节点 A 为研究对象并作受力图，如图 2-9b) 所示。图中假设杆 AB 受拉，杆 AC 受压。由平衡方程得

$$\begin{cases} \sum F_x = 0 \\ \sum F_y = 0 \end{cases}$$

即

$$\begin{cases} F_{N2} - F_{N1}\cos 30° = 0 \\ F_{N1}\sin 30° - F = 0 \end{cases}$$

解得

$$F_{N1} = \frac{F}{\sin 30°} = 2F (拉力)$$

$$F_{N2} = F_{N1}\cos 30° = \sqrt{3} F (压力)$$

(2) 各杆横截面面积计算。

杆 AB 的横截面面积

$$A_1 = \frac{\pi d^2}{4} = \frac{\pi \times 0.05^2}{4} \approx 1963 \times 10^{-6} (\text{m}^2) = 1.963 \times 10^{-3} (\text{m}^2)$$

杆 AC 的横截面面积由附录 B 型钢表查得，两根 10 号槽钢的横截面面积

$$A_2 = 2 \times 1274 \times 10^{-6} = 2548 \times 10^{-6} (\text{m}^2)$$

(3) 各杆轴向变形的计算。

杆 AB 和 AC 可以自由变形时，其变形量为

$$\Delta l_{AB} = \frac{F_{N1} l_{AB}}{E A_1} = \frac{2 \times 100 \times 10^3 \times 2}{210 \times 10^9 \times 1963 \times 10^{-6}}$$

$$\approx 0.97 \times 10^{-3} (\text{m}) = 0.97 (\text{mm}) (伸长)$$

$$\Delta l_{AC} = \frac{F_{N2} l_{AC}}{E A_2} = \frac{\sqrt{3} \times 100 \times 10^3 \times \sqrt{3}}{210 \times 10^9 \times 2548 \times 10^{-6}}$$

$$\approx 0.56 \times 10^{-3} (\text{m}) = 0.56 (\text{mm}) (缩短)$$

(4) 节点 A 的位移计算

首先确定杆件变形后节点 A 的位置。如图 2-10 所示，设想先将结构在节点 A 处拆开，使

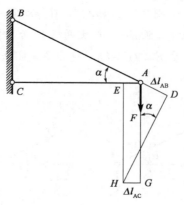

图 2-10

杆件能够自由变形。杆 AB 伸长后变为 DB,杆 AC 缩短后变为 EC。但实际结构仍应在节点处连接在一起,节点的新位置应是以点 B 为圆心、BD 为半径和以点 C 为圆心、CE 为半径的两个圆弧的交点。在小变形情况下,该圆弧可用垂线代替。即过点 D 作 BD 的垂线,过点 E 作 CE 的垂线,二者的交点 H 将是变形后节点的位置。

根据上面的分析及图 2-10 可知,节点 A 位移的水平分量 Δ_x 等于线段 AE 或 GH 的长度,也就是 Δl_{AC}。而位移的垂直分量 Δ_y 等于线段 AG 的长度,可按图中的几何关系计算得出。
故

$$\Delta_x = \Delta l_{AC} = 0.56 \text{mm}$$

$$\Delta_y = \frac{\Delta l_{AB}}{\sin 30°} + \frac{\Delta l_{AC}}{\tan 30°} \approx 1.94 + 1.97 = 2.91 (\text{mm})$$

$$\Delta = \sqrt{\Delta_x^2 + \Delta_y^2} = \sqrt{0.56^2 + 2.91^2} \approx 2.96 (\text{mm})$$

2.5 材料在拉伸和压缩时的力学性能

在设计构件时,必须考虑合理选用材料的问题,这就需了解材料的力学性能。所谓材料的**力学性能**,是指材料在外力作用下所表现的有关强度和变形方面的特性。材料的力学性能需通过力学试验测定,如果试验是在室温下,以缓慢的加载速度(静力加载)进行,则得到的是材料在常温、静载下的力学性能。材料的力学性能会随外界因素改变。材料所处的工作环境可能是常温、高温或低温,所承受的载荷可能是静载荷或动载荷等,这些因素都会影响材料的力学性能。本章主要讨论常温、静载条件下,材料在拉伸和压缩时的力学性能。

2.5.1 材料的拉伸与压缩试验

为了比较各种不同材料的力学性能,以及对同一种材料各次所作的试验能够进行比较,必须统一试验条件。因此,材料力学规定把试验研究的材料做成标准试件。对于金属材料的拉伸试件,常做成圆形或矩形截面的标准试件,如图 2-11 所示。在试件中部标出一段作为工作段,用于测量变形,其长度称为标距,用符号 l 表示。拉伸试件又分为长试件和短试件,对于圆截面试件,这两种标准试件的标距 l 与横截面直径 d 的比例分别规定为 $l = 10d$ 和 $l = 5d$。对于矩形截面试件,这两种标准试件的标距 l 与横截面面积 A 的比例分别规定为 $l = 11.3\sqrt{A}$ 和 $l = 5.63\sqrt{A}$。

压缩试件通常采用圆截面或方截面的短柱体,如图 2-12 所示。为了避免试件在试验过程中被压弯,其高度 l 与横截面直径 d 或边长 b 的比值一般规定为 $1 \sim 3$。

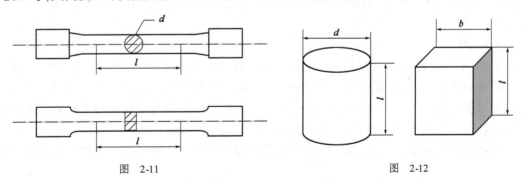

图 2-11   图 2-12

试验时,将试件两端装入试验机夹头内,开动试验机对试件缓慢地施加载荷。由于材料的品种很多,不可能——研究,现仅对具有代表性的典型材料低碳钢和铸铁的试验进行介绍,用以说明材料在受到拉伸和压缩时的机械性质。

低碳钢是含碳量低于0.3%的碳素钢。这类钢材在工程中使用广泛,在试验中表现出的机械性质也最为典型。

2.5.2 低碳钢拉伸时的力学性能

1. 拉伸图

试验时,将试件安装在万能试验机的上下夹头中,然后开动试验机,使试件受到缓慢增加的拉力,直到拉断为止。不同载荷 F 与试件标距内的绝对伸长量 Δl 之间的关系,可通过试验机上的自动绘图仪绘出相应的关系曲线,如图 2-13 所示,这一关系曲线称为低碳钢的拉伸图。

2. 拉伸时的应力-应变图及其力学性能

F-Δl 曲线的定量特征与试样的尺寸(横截面原始面积 A 及工作段的原始长度)有关,不宜用来表征材料的力学性能。为了使试验结果能反映材料的性质,应消除试件尺寸的影响,所以将拉伸图的纵坐标 F 除以试件的原横截面面积 A,即 $\sigma = F/A$,而将其横坐标 Δl 除以原标距长度 l,即 $\varepsilon = \Delta l/l$。这样得到的曲线就与试件的尺寸无关,称为应力-应变曲线,或 σ-ε 曲线,如图 2-14 所示。其形状与拉伸图相似,只是纵、横坐标比例尺有了改变。

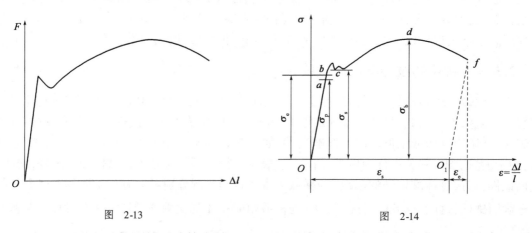

图 2-13 图 2-14

需指出的是,用试件原始尺寸算出的 σ 与 ε 只是名义应力与名义应变,而不是真正的应力及应变值,因为在试验过程中,试件的横截面面积及标距长度都在不断改变。

由应力-应变曲线可了解低碳钢拉伸时的力学性能。低碳钢拉伸试验的整个过程,可分为如下四个阶段。

(1) 弹性阶段

在图 2-14 所示的应力-应变曲线中,Ob 段表示材料的弹性阶段,在此段内,变形全部是弹性的。若此时将载荷卸掉,则变形随即消失,试件恢复原状,b 点所对应的应力值称为材料的弹性极限,用 σ_e 表示。在弹性阶段内,Oa 段为一直线,说明此段内的应力与应变呈正比,最高点 a 对应的应力值称为材料的比例极限,用 σ_p 表示。ab 段呈微弯形状,应力与应变不成正比关系。弹性极限与比例极限二者的意义不同,前者是材料不发生塑性变形的最大应力值,后者是应力与应变成正比的最大应力值。实验表明,σ_p、σ_e非常接近,在一般工程问题中,对二者并不严格区分,而是统称为弹性极限。

在这一阶段,由于σ与ε呈线性关系,可得曲线的斜率为

$$\tan\alpha = \frac{\sigma}{\varepsilon} = E$$

式中E即为材料的弹性模量。

(2)屈服阶段

当试件的应力超过σ_e后,在应力-应变图上出现了材料所受的应力几乎不增加,但应变却迅速增加的现象(表现为试验机的载荷读数停止不动或有时出现微小的波动,而试件变形却在继续增加),这种现象称为材料的**屈服现象**,这一阶段称为屈服阶段。在此阶段开始出现塑性变形,σ-ε曲线为波动曲线,不计瞬时效应,把曲线第一次波动的最低点c所对应的应力值称为屈服极限,用σ_s表示。

若试件表面经过抛光处理,屈服现象发生时,在试件表面可看到与轴线成45°的一系列条纹。这些条纹是材料内部晶格沿最大切应力作用面发生滑移的结果,称为滑移线。屈服极限是塑性材料的重要强度指标。

(3)强化阶段

应力-应变曲线经过屈服阶段后,从c点至d点又呈上升趋势,这表明要使试件继续变形,必须增加应力,即材料又恢复了抵抗变形的能力。这是因为材料经过屈服阶段后,内部晶体组织的排列重新得到调整,产生了抵抗滑移的能力,这种现象称为材料的**强化现象**,这一阶段称为强化阶段。强化阶段曲线最高点d所对应的应力值称为强度极限,用σ_b表示。它是试件断裂前所能承受的最大名义应力值,是塑性材料的另一个重要强度指标。

(4)局部变形阶段

当应力达到强度极限后,试件变形将集中于某一小范围内,出现局部明显的收缩,即所谓的**颈缩现象**,如图2-15所示。由于局部的横截面急剧收缩,使试件继续变形所需的应力越来越小,名义应力也随之减小,所以应力-应变曲线中,虽然应变在增加而应力却在下降,到了f点时,试件在颈缩处被拉断。

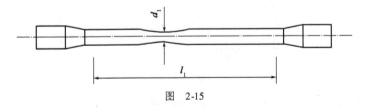

图 2-15

3. 材料的塑性指标

试件拉断后,其变形中的弹性变形消失,留下塑性变形。量出拉断后工作段的长度l_1和断口处的横截面积A_1,则可用下面两个量作为衡量材料塑性变形程度的指标。

(1)延伸率

试件拉断后,标距段的残余伸长与原标距长度的百分比称为材料的**延伸率**,用δ表示,即

$$\delta = \frac{l_1 - l}{l} \times 100\% \tag{2-11}$$

式中：l——原标距长度；

l_1——试件断裂后标距的长度。

对于低碳钢来说，$\delta = 20\% \sim 30\%$。

延伸率是衡量材料塑性的一个重要指标，工程上，常根据其大小来区别材料的塑性与脆性，通常规定 $\delta > 5\%$ 的材料为塑性材料，如钢、铜、铝等；$\delta < 5\%$ 的材料为脆性材料，如铸铁、石料、混凝土等。

(2) 断面收缩率

试件拉断后，拉断处横截面面积的收缩量与原横截面面积的百分比称为材料的**断面收缩率**，用 Ψ 表示，即

$$\Psi = \frac{A - A_1}{A} \times 100\% \tag{2-12}$$

式中：A——试验前试件的横截面面积；

A_1——拉断后颈缩处的最小横截面面积。

对于低碳钢来说，Ψ 为 60% 左右。

4. 卸载定律及冷作硬化

如图 2-16 所示，在载荷作用下，当把试件拉伸到超过屈服极限进入强化阶段的任一点 H 后，再逐渐卸载至零，应力-应变曲线将沿着与 aO 几乎平行的斜直线 HO_1 回到 O_1 点。这说明材料在卸载过程中应力与应变呈直线关系，这种性质称为卸载定律。载荷完全卸除后，试件中的弹性变形 O_1O_2 消失，剩下塑性变形 OO_1。

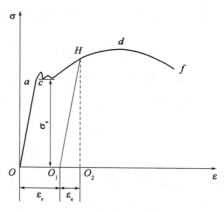

图 2-16

对有塑性变形的试件卸载后紧接着重新加载，则应力-应变关系大致上为 O_1H，直到 H 点后，又沿曲线 Hdf 变化。可见，再次加载后，应力达到屈服极限 σ_s 时并未发生屈服现象，而是到达 H 点以后才再次出现塑性变形，比较 $OHdf$ 和 O_1Hdf 两条曲线，可见第二次加载时，其比例极限得到了提高，而其塑性变形和延伸率却有所降低。这种在常温下经过塑性变形后材料比例极限提高、塑性性能降低的现象称为**冷作硬化**。冷作硬化现象经退火后又可消除。

工程上常利用材料的这种性质来提高比例极限。例如，对起重用的钢索和建筑构件用的钢筋，用冷作硬化来提高比例极限，从而在弹性设计中提高其强度，达到节约材料的目的。又如对轴的喷丸处理，使其表面发生塑性变形，形成冷硬层，以提高零件表面层的比例极限，从而

提高材料的弹性抵抗力及表面强度。同时,冷作硬化会使材料变脆变硬,降低材料的塑性,下一步加工时容易产生裂纹,因此使用时必须全面考虑。

2.5.3 铸铁拉伸时的力学性能

铸铁拉伸时的应力-应变曲线是一段微弯的曲线,如图2-17所示,只有应力较小的初始部分,接近直线。从受拉到断裂,变形始终很小,既无屈服阶段,也无颈缩现象。铸铁在较小的应力下就被拉断,是典型的脆性材料。断裂时的延伸率只有0.4%~0.5%,断口则垂直于试件轴线。铸铁应力-应变曲线的另一特点是:当应力不大时,应力和应变间即开始不呈正比。但是在实际使用的应力范围内,应力-应变曲线的曲率很小,因此,在实际计算时常把这一部分应力-应变曲线近似地以直线(图2-17中虚线)代替。衡量脆性材料强度的唯一指标是材料拉伸时的强度极限 σ_b,它是试件被拉断时的真实应力。

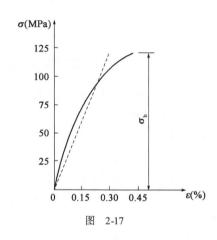

图 2-17

2.5.4 低碳钢和铸铁材料压缩时的力学性能

1. 低碳钢压缩时的力学性能

低碳钢压缩时的应力-应变曲线如图2-18中的实线部分所示。试验结果表明:低碳钢压缩时的弹性模量 E 与屈服极限 σ_s 都与拉伸时大致相同。应力超过屈服极限 σ_s 后,试件越压越扁,同时随着载荷不断增大,试件的横截面面积也在相应增大,即使压成饼状也不会断裂,因此无法测出压缩时的强度极限。故低碳钢的机械性质可由拉伸试验测得,未必一定要进行压缩试验。

2. 铸铁压缩时的力学性能

铸铁压缩时的应力-应变曲线如图2-19中的实线所示,图中同时还给出了铸铁在拉伸时的应力-应变曲线(虚线),比较这两条曲线可以看出,铸铁在压缩时,无论强度极限还是延伸率都比拉伸时大得多。另外,曲线中的直线部分很短,没有屈服现象,试件将沿与轴线成45°~

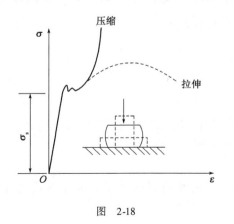

图 2-18

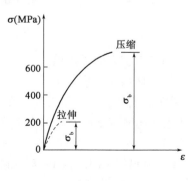

图 2-19

55°的斜截面发生破坏。铸铁的抗压强度极限为抗拉强度极限的 4~5 倍。因此,工程上常将铸铁用作抗压构件。

2.6 拉压杆的强度计算

2.6.1 许用应力和安全系数

由前面对材料机械性能的讨论可知,脆性材料轴向拉伸或压缩时,若其横截面上的正应力(也是其各截面上的最大应力)达到强度极限 σ_b,则将在很小的变形下发生断裂破坏;塑性材料轴向拉伸或压缩时,若其横截面上的正应力(同样也是其各截面上的最大应力)达到屈服极限 σ_s,则虽然未发生断裂,但已出现塑性变形,不能保持原有的形状和尺寸,故不能正常工作,工程上也认为其已破坏。上述破坏都是由于强度不足引起的,故称为强度失效。当然构件的失效还有其他形式,例如刚度失效、稳定性失效等。此处主要讨论强度失效,其他形式的失效将在后面章节介绍。

脆性材料的强度极限 σ_b 和塑性材料的屈服极限 σ_s,是构件正常工作的极限应力,为了保证构件有足够的强度而正常工作,其工作时的最大工作应力 σ_{max} 应低于上述的极限应力,工程上通常将极限应力除以大于 1 的系数 n 所得结果称为**许用应力**,用 $[\sigma]$ 表示。

对于塑性材料

$$[\sigma] = \frac{\sigma_s}{n} \tag{2-13}$$

对于脆性材料

$$[\sigma] = \frac{\sigma_b}{n} \tag{2-14}$$

式中:$[\sigma]$——许用应力;
n——安全系数。

2.6.2 构件轴向拉伸和压缩时的强度计算

许用应力是构件正常工作时应力的极限值,即要求最大工作应力 σ_{max} 不超过许用应力 $[\sigma]$,因此构件轴向拉伸和压缩时的强度条件可表示为

$$\sigma_{max} = \frac{F_N}{A} \leqslant [\sigma] \tag{2-15}$$

式中:F_N——构件内轴力的最大值;
A——杆的横截面面积。

对于变截面拉压杆,应考虑 F_N 与 A 的比值,将其最大值作为上述公式中的 σ_{max}。在不同情形下,可利用上述强度条件对拉(压)构件进行下列 3 种强度计算。

(1)强度校核

已知构件的材料、截面尺寸和所承受的载荷,校核构件是否满足强度条件式(2-15),从而判断构件是否能安全工作。

(2) 设计截面尺寸

已知杆件所用材料及载荷,确定杆件所需要的最小横截面面积,即

$$A \geqslant \frac{F_N}{[\sigma]} \tag{2-16}$$

(3) 确定许可载荷

已知构件的截面尺寸和许用应力,确定构件或结构所能承受的最大载荷。为此,可先计算构件允许承受的最大轴力,公式为

$$F_{N\max} \leqslant A[\sigma] \tag{2-17}$$

下面举例说明强度计算的方法。

例 2-5 如图 2-20 所示为水压机示意图,若两根立柱材料的许用应力为 $[\sigma]$ = 80MPa,试校核立柱的强度。

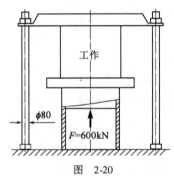

图 2-20

解:(1) 对原受力图进行分析可知,两根立柱均发生轴向拉伸变形,每根立柱承受的轴向拉力为

$$F_N = \frac{F}{2} = \frac{600}{2} = 300(\text{kN})$$

(2) 校核立柱的强度。

$$\sigma = \frac{F_N}{A} = \frac{300 \times 10^3}{\pi d^2/4} = \frac{300 \times 10^3}{3.14 \times 0.08^2/4} \approx 59.71 \times 10^6(\text{Pa})$$
$$= 59.71(\text{MPa}) < [\sigma]$$

所以该立柱的强度符合要求。

例 2-6 如图 2-21 所示,油缸盖与缸体采用 6 个螺栓连接。已知油缸内径 $D = 350\text{mm}$,油压 $p = 1\text{MPa}$。螺栓许用应力 $[\sigma] = 40\text{MPa}$,求螺栓的内径。

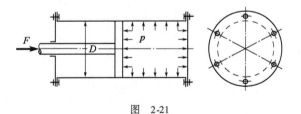

图 2-21

解:油缸盖受到的力

$$F = \frac{\pi}{4}D^2 p$$

每个螺栓承受轴力为总压力的1/6,即螺栓的轴力为

$$F_N = \frac{F}{6} = \frac{\pi}{24}D^2 p$$

根据强度条件

$$\sigma_{max} = \frac{F_N}{A} \leq [\sigma]$$

得

$$A \geq \frac{F_N}{[\sigma]}$$

即

$$\frac{\pi d^2}{4} \geq \frac{\pi D^2 p}{24[\sigma]}$$

所以螺栓的内径为

$$d \geq \sqrt{\frac{D^2 p}{6[\sigma]}} = \sqrt{\frac{0.35^2 \times 10^6}{6 \times 40 \times 10^6}} \approx 22.6 \times 10^{-3}(m) = 22.6(mm)$$

例 2-7 如图2-22所示三角架,在节点B处悬挂一重物,已知$F_p = 10kN$。杆①为钢杆,其长度$l_1 = 2m$,横截面面积$A_1 = 600mm^2$,许用应力$[\sigma] = 160MPa$;杆②为木杆,其横截面面积$A_2 = 10^4 mm^2$,许用应力$[\sigma] = 7MPa$。(1)试校核该三角架的强度;(2)试求许可载荷$[F_p]$;(3)当载荷$F_p = [F_p]$时,重新选择杆的截面。

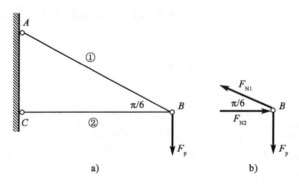

图 2-22

解:(1)取节点B为研究对象,如图2-21b)所示。由平衡方程

$$\begin{cases} \sum F_x = 0 \\ \sum F_y = 0 \end{cases}$$

即

$$\begin{cases} F_{N2} - F_{N1}\cos\frac{\pi}{6} = 0 \\ F_{N1}\sin\frac{\pi}{6} - F_p = 0 \end{cases}$$

得

$$F_{N1} = 2F_p = 20(kN)(拉力) \tag{a}$$

$$F_{N2} = \sqrt{3}F = 17.3(\text{kN})(压力) \tag{b}$$

根据强度条件式(2-15),得

$$\sigma_{AB} = \frac{F_{N1}}{A_1} = \frac{20 \times 10^3}{600 \times 10^{-6}} \approx 33.3 \times 10^6(\text{Pa}) = 33.3(\text{MPa}) < [\sigma] = 160\text{MPa}$$

$$\sigma_{CB} = \frac{F_{N2}}{A_2} = \frac{17.3 \times 10^3}{10^4 \times 10^{-6}} = 1.73 \times 10^6(\text{Pa}) = 1.73(\text{MPa}) < [\sigma] = 7\text{MPa}$$

故该三角架强度满足要求。

(2) 由式(2-17),有

$$F_{N1} \leq A_1[\sigma] = 600 \times 10^{-6} \times 160 \times 10^6 = 96000(\text{N}) = 96(\text{kN}) = [F_{N1}]$$

$[F_{N1}]$表示杆①所能承受的最大轴力,由式(a)可以求出仅考虑杆①的强度时所允许的最大载荷$[F_{p1}]$,即

$$[F_{p1}] = \frac{1}{2}[F_{N1}] = 48(\text{kN}) \tag{c}$$

同理,考虑杆②的强度,由式(2-17)得

$$F_{N2} \leq A_2[\sigma] = 10^4 \times 7(\text{N}) = 70(\text{kN}) = [F_{N2}]$$

由式(b)得出仅考虑杆②的强度时所允许的最大载荷$[F_{p2}]$,即

$$[F_{p2}] = [F_{N2}]/\sqrt{3} \approx 40.4(\text{kN}) \tag{d}$$

同时考虑式(c)和式(d),得出三角架的许可载荷$[F_p]$为

$$[F_p] = \min([F_{p1}],[F_{p2}]) = [F_{p2}] = 40.4(\text{kN})$$

(3) 当载荷$F_p = [F_p]$时,杆②的轴力$F_{N2} = [F_{N2}]$,即$\sigma_{CB} = [\sigma]$,这时杆②充分发挥作用,故面积仍为$A_2 = 10^4 \text{mm}^2$不变。杆①此时的轴力$F_{N1} < [F_{N1}]$,即$\sigma_{AB} < [\sigma]$,杆①未能充分发挥作用,可根据式(2-16)选择截面大小,即

$$A_1 \geq \frac{F_{N1}}{[\sigma]} = \frac{2 \times 40.4 \times 10^3}{160 \times 10^6} = 505 \times 10^{-6}(\text{m}^2) = 505(\text{mm}^2)$$

所以,当载荷$F_p = [F_p]$时,杆①的面积可重新选择为$A_1 = 505\text{mm}^2$。

2.7 拉压杆的超静定问题

前面几节所讨论的杆或杆系结构问题中,只需根据静力学平衡方程就可以求出全部约束反力和内力,这样的结构称为**静定结构**,如图 2-23a)所示。但对有些结构,仅根据静力学平衡方程不能求出全部约束反力和内力,这类结构称为**超静定结构**。如果在图 2-23a)所示桁架中增加一杆 AD,如图 2-23b)所示,则未知轴力变为三个(F_{N1},F_{N2},F_{N3}),但有效平衡方程仍然只有两个,即$\sum F_x = 0$和$\sum F_y = 0$,仅由这两个条件尚不能确定上述三个轴力。这种仅仅根据平衡方程尚不能确定全部未知力的结构也称为超静定结构。

在超静定问题中,对于维持结构的几何不变性来说多余的支座或杆件习惯上称为"多余"约束。由于多余约束的存在,使得超静定问题中未知力的个数多于能够建立的独立平衡方程式的数目,多出的未知力个数叫作超静定次数。如图 2-23b)所示结构的超静定次数为 1 次,该结构为 1 次超静定结构。

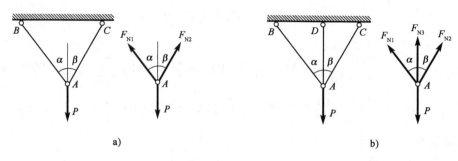

图 2-23

为求得超静定结构的全部未知力,除了利用静力学平衡条件外,还需要通过对变形的研究来建立足够数目的补充方程。补充方程的数目等于超静定次数,即等于多余约束数。

一方面,由于杆和杆系各部分的变形均与其所受到的约束相适应,因此,在这些变形之间必然存在着一定的制约条件。这种条件称为变形协调条件,表达变形协调条件的几何关系式称为变形几何方程式。

另一方面,杆的变形大小与受力之间总存在着一定的物理关系。对于服从胡克定律的材料来说,当应力不超过比例极限时,这一关系就是变形与力成正比。利用这一关系即可将上述的变形几何方程式改写为所需的补充方程式。将补充方程式与问题的静力平衡方程式联立求解,即可求得全部未知力。

综上所述,运用几何、物理、静力学三个方面的条件来求解超静定问题,其关键在于根据问题的变形协调条件来建立变形几何方程式。

下面通过例题说明解超静定问题的步骤。

例 2-8 如图 2-24a)所示,两端固定的等直杆 AB 横截面面积为 A,弹性模量为 E,在 C 点处承受轴向力 P 的作用,试计算杆两端的约束反力。

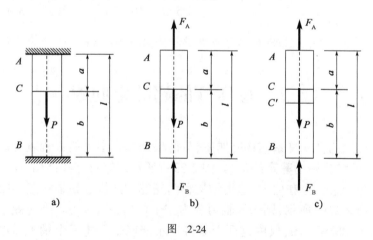

图 2-24

解:解除约束,受力分析如图 2-24b)所示。

静力平衡方程为

$$F_A - P + F_B = 0 \tag{a}$$

这是一次超静定问题。限制条件为:杆的总长度不变。

如图 2-24c)所示,变形几何方程为

$$\Delta l_{AC} = CC' = \frac{F_A a}{EA}, \Delta l_{CB} = CC' = -\frac{F_B b}{EA}$$

限制条件为

$$\Delta l_{AC} + \Delta l_{CB} = 0$$

于是可得补充方程为

$$\frac{F_A a}{EA} + \left(-\frac{F_B b}{EA}\right) = 0 \tag{b}$$

联立(a)、(b)两式可解得

$$F_A = \frac{Pb}{l}, F_B = \frac{Pa}{l}$$

例 2-9 三杆组成的杆系如图 2-25a)所示。已知节点 A 作用铅垂力 F_p，杆①和杆③的刚度相同，均为 $E_1 A_1$，杆②的刚度为 $E_2 A_2$ 为 l。试求三杆的内力。

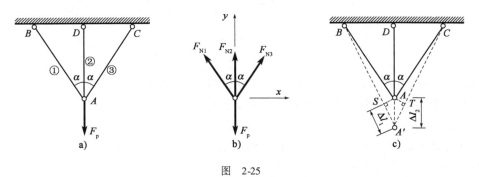

图 2-25

解：(1) 静力学条件

以节点 A 为研究对象，其受力如图 2-25b)所示，平面汇交力系可以列出两个独立的平衡方程，所以该杆系是一次超静定杆系。

由

$$\begin{cases} \sum F_x = 0 \\ \sum F_y = 0 \end{cases}$$

可得

$$\begin{aligned} F_{N3}\sin\alpha - F_{N1}\sin\alpha &= 0 \\ F_{N1}\cos\alpha + F_{N2} + F_{N3}\cos\alpha - F_p &= 0 \end{aligned} \tag{a}$$

(2) 几何条件

为了得到各杆之间的变形协调条件(即三杆变形后仍联结于一点，不散开)，需要假设变形后节点 A 的位置，画出变形图。由于结构左右对称，所以点 A 受力后将沿铅垂方向下移至点 A'，结构变形图如图 2-25c)中虚线所示。图中 AA' 等于杆②的伸长 Δl_2。由 A 点作 $A'B$ 的垂线，由于是小变形，$A'S$ 近似等于杆①的伸长 Δl_1。同理 $A'T$ 近似等于杆③的伸长 Δl_3，并且 $\Delta l_1 = \Delta l_3$。

由直角三角形 ASA' 可知：$A'S = AA'\cos\angle AA'S$，由于是小变形，$\angle AA'S \approx \alpha$，于是

$$\Delta l_1 = \Delta l_2 \cos\alpha \tag{b}$$

式(b)就是变形协调条件。

(3) 物理条件

由胡克定律，有

$$\Delta l_1 = \frac{F_{N1}l_1}{E_1A_1} = \frac{F_{N1}l}{E_1A_1\cos\alpha} \tag{c}$$

$$\Delta l_2 = \frac{F_{N2}l_2}{E_2A_2} = \frac{F_{N2}l}{E_2A_2} \tag{d}$$

(4) 将式(c)、式(d)代入式(b)，得到补充方程

$$\frac{F_{N1}l}{E_1A_1\cos\alpha} = \frac{F_{N2}l}{E_2A_2}\cos\alpha \tag{e}$$

联立式(a)和式(e)，可解得

$$F_{N1} = F_{N3} = \frac{E_1A_1\cos^2\alpha}{2E_1A_1\cos^3\alpha + E_2A_2}F_P$$

$$F_{N2} = \frac{E_2A_2}{2E_1A_1\cos^3\alpha + E_3A_3}F_P$$

总结上述解题过程，可归纳出求解超静定问题的步骤，如下：
(1) 根据静力平衡条件列出独立的静力平衡方程；
(2) 根据变形与约束条件建立变形的几何关系；
(3) 根据胡克定律列出变形与内力的物理关系；
(4) 由(2)、(3)得补充方程；
(5) 联立求解平衡方程和补充方程，即得到问题的解答。

例 2-10 在图 2-26a)所示结构中，横梁 AB 可视为刚体，杆 1、2 和 3 的横截面面积均为 A，各杆的材料相同，弹性模量均为 E，试求 F 作用下各杆的轴力。

解：设在力 F 的作用下，横梁 AB 移动到 $A'B'$ 位置[图 2-26b)]，则各杆皆受拉伸。设各杆的轴力分别为 F_{N1}、F_{N2} 和 F_{N3}，且均为拉力[图 2-26b)]。由于该力系为平面平行力系，只有两个独立平衡方程，而未知力有三个，故为一次超静定问题。

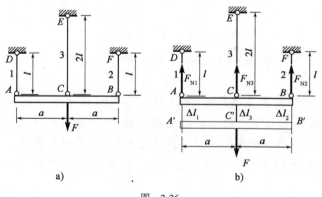

图 2-26

(1) 静力学关系

由 $\sum F_y = 0$ 可得

$$F_{N1} + F_{N3} + F_{N2} - F = 0 \tag{a}$$

由 $\sum M_C(F) = 0$ 可得

$$-F_{N1} \cdot a + F_{N2} \cdot a = 0 \tag{b}$$

(2) 几何关系

在力 F 的作用下，三根杆的伸长不是任意的，它们之间必须保持一定的互相协调的几何关系，这种几何关系称为变形协调条件。由于横梁 AB 可视为刚体，故该结构的变形协调条件为 A'、B'、C' 三点仍在一直线上[图 2-26b)]。设 Δl_1、Δl_2、Δl_3 分别为 1、2、3 杆的变形，根据变形的几何关系可以列出变形协调方程为

$$\Delta l_1 = \Delta l_2 = \Delta l_3 \tag{c}$$

(3) 物理关系

杆件的变形和内力之间存在着一定的关系，称之为物理关系，即胡克定律。当应力不超过比例极限时，由胡克定律可知

$$\Delta l_1 = \frac{F_{N1}l}{EA}, \Delta l_2 = \frac{F_{N2}l}{EA}, \Delta l_3 = \frac{F_{N3}2l}{EA} \tag{d}$$

将物理关系代入变形协调条件，即可建立内力之间应保持的相互关系，这个关系就是所需的补充方程。也就是说，将式(d)代入式(c)并整理可得

$$F_{N1} + F_{N2} = 2F_{N3} \tag{e}$$

将式(a)、式(b)、式(e)联立求解，得

$$F_{N1} = F_{N2} = \frac{2F}{5}, F_{N3} = \frac{F}{5}$$

由计算结果可以看出：1、2、3 杆的轴力为正，说明实际方向与假设一致，变形为伸长。

2.8 应 力 集 中

1. 应力集中的概念

等截面直杆受轴向拉伸或压缩时，横截面上的应力是均匀分布的。由于实际需要，有些零件必须有切口、油孔、螺纹、轴肩等，以致在这些部位上截面尺寸发生突然变化。试验结果和理论分析表明，在截面尺寸突然改变处的横截面上应力并不是均匀分布的。如图 2-27 所示，在开有圆孔的板条上，在圆孔附近的局部区域内，应力显著增大，但在离开圆孔稍远处，应力就迅速降低而趋于均匀。这种因杆件外形突然变化而引起局部应力急剧增大的现象称为**应力集中**。

设发生应力集中的截面上的最大应力为 σ_{max}，同一截面上的平均应力为 σ，则比值

$$K = \frac{\sigma_{max}}{\sigma} \tag{2-18}$$

称为应力集中系数。它反映了应力集中的程度，是一个大于 1 的因数。试验结果表明：截面尺寸改变得越急剧、角越尖、孔越小，应力集中的程度就越严重。因此，零件上应尽可能避免带尖角的孔和槽，在阶梯轴的轴肩处要用圆弧过渡，而且应尽量使圆弧半径大一些。

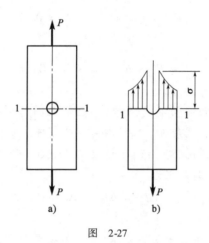

图 2-27

2. 应力集中对构件强度的影响

各种材料对应力集中的敏感程度并不相同。塑性材料有屈服阶段,当局部的最大应力 σ_{max} 达到屈服极限时,该处材料的变形可以继续增长,而应力却不再增加。如外力继续增加,增加的力就由截面上尚未屈服的材料承担,使截面上其他点的应力相继增大到屈服极限,且这使截面上的应力逐渐趋于平均,降低了应力不均匀程度,也限制了最大应力 σ_{max} 的数值。因此,用塑性材料制成的零件在静载作用下,可以不考虑应力集中的影响。

脆性材料没有屈服阶段,当载荷增加时,应力集中处的最大应力 σ_{max} 一直增加,首先达到强度极限,该处将首先产生裂纹。所以,由脆性材料制成的零件,应力集中导致的危害性比较严重,即使在静载下,也应考虑应力集中对零件承载能力的影响。

本章小结

本章主要介绍轴向拉伸和压缩时的重要概念以及相关问题的计算方法。主要内容如下。
(1) 正应力计算基本公式:

$$\sigma = \frac{F_N}{A}$$

(2) 胡克定律。

$$\Delta l = \frac{F_N l}{EA} \quad \text{或} \quad \sigma = E\varepsilon$$

胡克定律揭示了在比例极限内应力和应变的关系,它是材料力学最基本的定律之一。
(3) 平面假设:拉压杆变形后横截面仍然保持为平面,而且仍垂直于杆件的轴线。
(4) 材料的力学性能研究是解决强度和刚度问题的一个重要方面。对于材料力学性能的研究一般是通过试验方法,其中拉伸试验是最主要、最基本的一种试验。低碳钢的拉伸试验是一个典型的试验。通过它可得到如下试验资料和性能指标:
① 拉伸全过程的曲线和试件破坏断口;
② σ_s,σ_b——材料的强度指标;

③ δ, ψ——材料的塑性指标。

（5）工程中一般把材料分为塑性材料和脆性材料。塑性材料的强度指标是屈服极限 σ_s（或 $\sigma_{0.2}$）和强度极限 σ_b，而脆性材料只有一个强度指标，即强度极限 σ_b。

（6）强度计算是材料力学研究的重要问题。轴向拉伸或压缩时的强度条件是

$$\sigma = \frac{F_N}{A} \leqslant [\sigma]$$

它是进行强度校核、选定截面尺寸和确定许可载荷的依据。

习题

2-1 试求题 2-1 图所示直杆横截面 1—1、2—2、3—3 上的轴力，并画出轴力图。

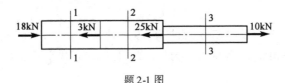

题 2-1 图

2-2 桅杆式起重机如题 2-2 图所示，起重杆 AB 的横截面是外径为 20mm、内径为 18mm 的圆环，钢丝绳 BC 的横截面面积为 10mm²。试求起重杆 AB 和钢丝绳 BC 横截面上的应力。

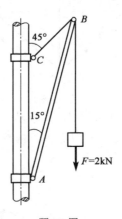

题 2-2 图

2-3 如题 2-3 图所示，由铜和钢两种材料组成的等直杆，铜和钢的弹性模量分别为 $E_1 = 100$GPa 和 $E_2 = 210$GPa。若杆的总伸长为 $\Delta l = 0.126$mm，试求载荷 F 和杆横截面上的应力。

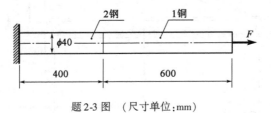

题 2-3 图 （尺寸单位:mm）

2-4 承受轴力 $F_N = 160$kN 作用的等截面直杆,若任一截面上的切应力不超过 80MPa,试求此杆的最小横截面面积。

2-5 如题 2-5 图所示结构,AC 杆为直径 $d = 25$mm 的 A3 圆钢,材料的许用应力 $[\sigma] = 141$MPa,AC、AB 杆的夹角 $\alpha = 30°$,A 处作用力 $F = 20$kN。
(1) 校核 AC 杆的强度;
(2) 选择最经济的直径 d;
(3) 若用等边角钢,选择角钢型号。

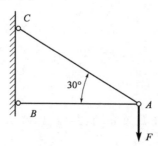

题 2-5 图

2-6 如题 2-6 图所示为铰接正方形结构,各杆的横截面面积均为 30cm^2,材料为铸铁,其许用拉应力为 $[\sigma_t] = 30$MPa,许用压应力为 $[\sigma_c] = 120$MPa,试求结构的许可载荷。

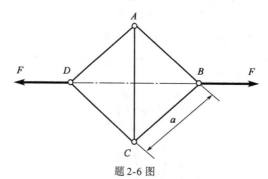

题 2-6 图

2-7 如题 2-7 图所示结构,小车可在梁 AC 上移动。已知小车上作用的载荷 $F = 15$kN,斜杆 AB 为圆截面钢杆,钢的许用应力 $[\sigma] = 170$MPa。若载荷 F 通过小车对梁 AC 的作用可简化为一集中力,试确定斜杆 AB 的直径 d。

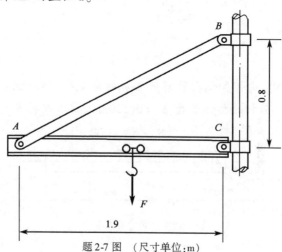

题 2-7 图 （尺寸单位:m）

2-8 如题 2-8 图所示的结构，1、2、3 杆的弹性模量为 E，横截面面积均为 A，杆长均为 l。横梁 AB 的刚度远远大于 1、2、3 杆的刚度，故可将横梁看成刚体，在横梁上作用的载荷为 P。若不计横梁及各杆的自重，试确定 1、2、3 杆的轴力。

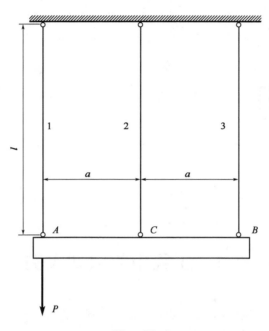

题 2-8 图

2-9 如题 2-9 图所示的结构，AB 杆为刚性杆，A 处为铰接，AB 杆由钢杆 BE 与铜杆 CD 吊起。已知 CD 杆的长度为 1m，横截面面积为 500mm^2，铜的弹性模量 $E=100\text{GPa}$；BE 杆的长度为 2m，横截面面积为 250mm^2，钢的弹性模量 $E=200\text{GPa}$。试求 CD 杆和 BE 杆中的应力以及 BE 杆的伸长。

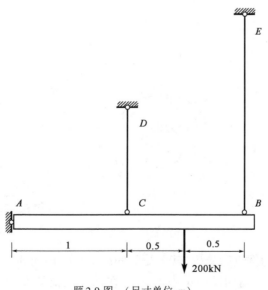

题 2-9 图 （尺寸单位：m）

第3章 剪切

3.1 工程中的剪切实例

工程中常常需要把构件相互连接,其连接形式有铆钉连接(图3-1)、销钉连接(图3-2)、键连接(图3-3),除此之外,还有榫齿连接(图3-4)和焊接(图3-5)等。把这些连接中起连接作用的部件,比如销钉、螺栓、铆钉、键等,称为连接件;被连接的构件称为被连接件。

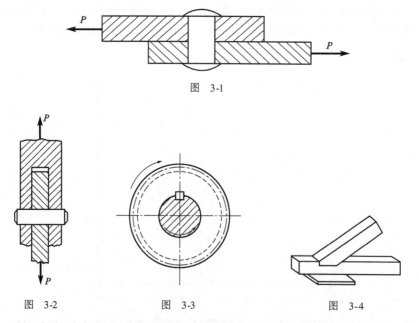

图 3-1

图 3-2　　　图 3-3　　　图 3-4

以图3-6所示螺栓为例进行分析,其上受到的载荷是一横向的平行力系,该力系可以简化为一对作用线相距很近、方向相反的集中力 F_p。在该对载荷的作用下,螺栓发生的变形将是沿这对力之间的横截面发生相对错动,通常称其为剪切变形。发生相对错动的面称为剪切面。

仍以图 3-6 所示的螺栓为例,当螺栓发生剪切变形时,它与钢板接触的侧面上同时发生局部受压现象,这种现象称为挤压,相应的接触面称为挤压面。键、销钉等连接件也都有挤压现象发生。

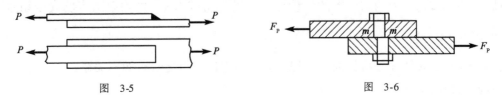

图 3-5　　　　　　　　　　　　图 3-6

3.2　连接件的剪切与挤压强度实用计算

3.2.1　剪切强度的实用计算

如图 3-6 所示,下面以连接两块钢板的螺栓为例说明剪切强度的实用计算方法。当两块钢板受拉时,螺栓的受力简图如图 3-7a)所示。若作用在螺栓上的力 F_P 过大,则螺栓可能沿着两个力之间的截面 $m—m$ 被剪断,$m—m$ 截面即为剪切面。

采用截面法沿剪切面假想地将螺栓切开,分为上、下两部分,如图 3-7b)所示,无论取上半部分还是下半部分研究,为保持其平衡,在剪切面内必然存在一个与外力 F_P 大小相等、方向相反且切于截面的内力 F_Q,F_Q 称为截面 $m—m$ 上的剪切力。

由于剪切面上的切应力分布情况较复杂,为了计算方便,在工程计算中,假设切应力在剪切面上均匀分布,如图 3-7c)所示。按此假设算出的平均切应力称为名义切应力,一般简称为切应力。即

$$\tau = \frac{F_Q}{A} \tag{3-1}$$

式中:A——剪切面面积;
　　　F_Q——作用在剪切面上的剪切力。

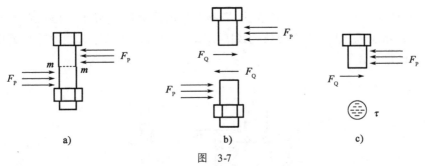

图 3-7

利用此方法算出的平均切应力与构件内所产生的最大切应力数值相差不多,能够满足一般工程问题所需的精度。

为了保证螺栓安全可靠,要求其在工作时的切应力不得超过其许用值。因此,剪切强度条件为

$$\tau = \frac{F_Q}{A} \leq [\tau] \tag{3-2}$$

式中，$[\tau]$ 为许用切应力，它是在与构件的实际受力情况相似的条件下进行试验测得的破坏载荷，并同样按切应力均匀分布的假设计算出极限切应力 τ_u，再除以适当的安全系数 n 而得到的，即 $[\tau] = \dfrac{\tau_u}{n}$。

试验表明，一般情况下材料的许用切应力与许用拉应力之间有如下关系：

对脆性材料

$$[\tau] = (0.6 \sim 0.8)[\sigma]$$

对塑性材料

$$[\tau] = (0.8 \sim 1.0)[\sigma]$$

例 3-1 如图 3-8 所示的铆钉连接，拉力 $F = 1.5 \text{kN}$，铆钉直径 $d = 4 \text{mm}$，铆钉材料的许用切应力 $[\tau] = 120 \text{MPa}$。试对铆钉进行剪切强度校核。

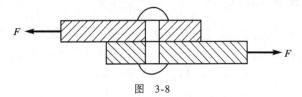

图 3-8

解：剪力

$$F_Q = F = 1.5 \times 10^3 \text{N}$$

剪切面面积

$$A = \frac{1}{4}\pi d^2 = \frac{1}{4}\pi \times 0.004^2 \approx 1.256 \times 10^{-5} (\text{m}^2)$$

强度校核

$$\tau = \frac{F_Q}{A} = \frac{1.5 \times 10^3}{1.256 \times 10^{-5}} \approx 119 \times 10^6 (\text{Pa}) = 119 (\text{MPa}) \leq [\tau] = 120 \text{MPa}$$

所以该铆钉的剪切强度符合要求。

例 3-2 如图 3-9a) 所示为冲孔示意图，已知冲床的最大冲压力 $P = 400 \text{kN}$，冲头材料的许用压应力 $[\sigma] = 440 \text{MPa}$，钢板的剪切强度极限 $\tau_b = 360 \text{MPa}$。试求冲头能冲剪的最小孔径 d 和此时最大的钢板厚度 δ。

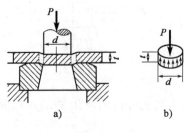

图 3-9

解：冲头为轴向压缩变形，由轴向拉伸和压缩的强度条件

$$\frac{F_{\mathrm{N}}}{A} = \frac{P}{A} = \frac{P}{\frac{\pi d^2}{4}} \leqslant [\sigma]$$

可得

$$d \geqslant \sqrt{\frac{4P}{\pi[\sigma]}} = \sqrt{\frac{4 \times 400 \times 10^3}{3.14 \times 440 \times 10^6}} \approx 0.034(\mathrm{m}) = 34(\mathrm{mm})$$

即,冲头的最小直径为 34mm。

钢板为剪切变形,剪切面就是钢板内被冲头冲出的圆柱体的侧面,如图 3-9b)所示。

由钢板的剪切破坏条件

$$\frac{F_{\mathrm{Q}}}{A} = \frac{P}{\pi d \delta} \geqslant \tau_{\mathrm{b}}$$

可得

$$d \geqslant \frac{P}{\pi d \tau_{\mathrm{b}}} = \frac{4 \times 400 \times 10^3}{3.14 \times 0.034 \times 360 \times 10^6} \approx 0.0104(\mathrm{m}) = 10.4(\mathrm{mm})$$

即,钢板的最大厚度为 10.4mm。

3.2.2 挤压强度的实用计算

连接件与被连接件之间相互挤压的接触面,通常有两种情况。

(1)一种情况如铆钉、销钉等连接,挤压面为半圆柱面,如图 3-10a)所示。设圆柱的直径为 d,被连接钢板的厚度为 l。挤压应力大致按图 3-10b)中的曲线分布在挤压面上,中间处应力最大,两边为零。挤压力的合力 $F_{\mathrm{bs}} = F$,作用线也与力 F 重合。在实用计算中,以圆柱面在与挤压力垂直的径向平面上的投影面积,即包含圆柱直径的纵向截面面积 $A_{\mathrm{bs}} = dl$ 作为名义挤压面积,如图 3-11 所示,并按式(3-3)计算挤压应力 σ_{bs}

$$\sigma_{\mathrm{bs}} = \frac{F_{\mathrm{bs}}}{A_{\mathrm{bs}}} \tag{3-3}$$

试验表明,这个结果接近于挤压面上的实际最大挤压应力。因此,挤压强度条件表达式为

$$\sigma_{\mathrm{bs}} = \frac{F_{\mathrm{bs}}}{A_{\mathrm{bs}}} \leqslant [\sigma_{\mathrm{bs}}] \tag{3-4}$$

式中,$[\sigma_{\mathrm{bs}}]$ 是材料的许用挤压应力。

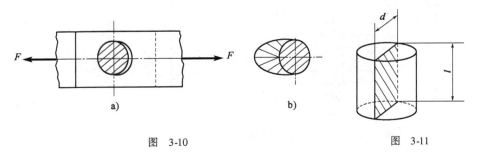

图 3-10　　　　　　　　　　图 3-11

（2）另一种情况如键连接，如图3-12a)所示，挤压面为平面。设键的长度为 l，宽度为 b，高度为 h。实际挤压面积为键侧面二分之一高度的面积，$A_{bs} = l\dfrac{h}{2}$ [图3-12b)中阴影部分]。在实用计算中，假定挤压应力 σ_{bs} 在挤压面上均匀分布。挤压应力的计算公式和挤压强度条件的表达式仍为式(3-3)和式(3-4)。

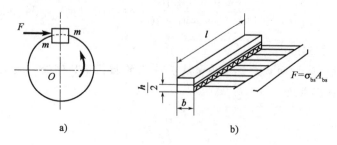

图 3-12

根据式(3-4)可进行构件的挤压强度计算。和剪切强度计算一样，关键也是正确判定构件的危险挤压面，并确定该挤压面上相应的挤压力。

例 3-3 电瓶车挂钩用插销连接，如图3-13a)所示。已知 $t=8$mm，插销材料的许用切应力 $[\tau]=30$MPa，许用挤压应力 $[\sigma_{bs}]=100$MPa，牵引力 $F=15$kN。试选定插销的直径 d。

解：插销的受力情况如图3-13b)所示，可以求得

$$F_Q = \frac{F}{2} = \frac{15}{2} = 7.5(\text{kN})$$

先按剪切强度条件进行设计：

$$A \geqslant \frac{F_Q}{[\tau]} = \frac{7500}{30 \times 10^6} = 2.5 \times 10^{-4}(\text{m}^2)$$

即

$$\frac{\pi d^2}{4} \geqslant 2.5 \times 10^{-4}(\text{m}^2)$$

解得

$$d \geqslant 0.0178\text{m} = 17.8\text{mm}$$

再用挤压强度条件进行校核：

$$\sigma_{bs} = \frac{F_{bs}}{A_{bs}} = \frac{F}{2td} = \frac{15 \times 10^3}{2 \times 8 \times 10^{-3} \times 17.8 \times 10^{-3}} \approx 52.7 \times 10^6(\text{Pa}) = 52.7(\text{MPa}) < [\sigma_{bs}]$$

所以挤压强度条件也是足够的。

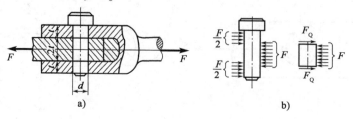

图 3-13

本章小结

本章主要介绍了剪切与挤压强度的实用计算。为了保证连接件正常工作,一般需要采用实用计算法进行连接件的剪切强度和挤压强度校核。

(1) 剪切的强度条件

$$\tau = \frac{F_Q}{A} \leqslant [\tau]$$

(2) 挤压的强度条件

$$\sigma_{bs} = \frac{F_{bs}}{A_{bs}} \leqslant [\sigma_{bs}]$$

上述两个强度条件是对连接件进行强度校核、选定截面尺寸和确定许可载荷的依据。

习题

3-1 如题 3-1 图所示,已知钢板厚度 $t=10\text{mm}$,其剪切极限应力 $\tau_b = 300\text{MPa}$。若用冲床将钢板冲出直径 $d=25\text{mm}$ 的孔,问需要多大的冲剪力 F?

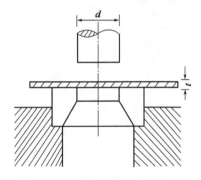

题 3-1 图

3-2 如题 3-2 图所示,两块钢板由一个螺栓连接。已知:螺栓内径 $d=24\text{mm}$,每块板的厚度 $\delta=12\text{mm}$,拉力 $F=27\text{kN}$,螺栓许用切应力 $[\tau]=60\text{MPa}$,许用挤压应力 $[\sigma_{bs}]=120\text{MPa}$。试对螺栓进行强度校核。

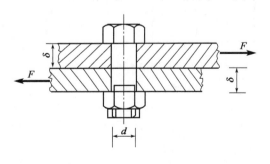

题 3-2 图

3-3　如题 3-3 图所示，凸缘联轴节传递的力偶矩为 $M_e = 200\text{N}\cdot\text{m}$，凸缘之间用四个对称分布在 $D_0 = 80\text{mm}$ 的圆周上的螺栓连接，螺栓的内径 $d = 10\text{mm}$，螺栓材料的许用切应力 $[\tau] = 60\text{MPa}$。试校核螺栓的剪切强度。

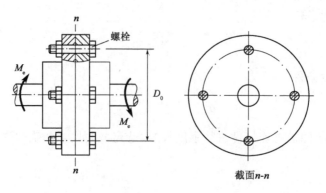

题 3-3 图

3-4　题 3-4 图所示螺栓接头，已知 $F = 40\text{kN}$，螺栓的许用切应力 $[\tau] = 130\text{MPa}$，许用挤压应力 $[\sigma_{bs}] = 300\text{MPa}$。试求所需的螺栓内径 d。

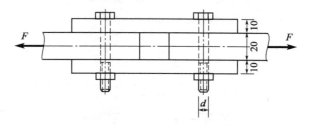

题 3-4 图　（尺寸单位：mm）

3-5　一木质拉杆接头部分如题 3-5 图所示，接头处的尺寸为 $h = b = l = 18\text{cm}$，材料的许用拉应力 $[\sigma] = 5\text{MPa}$，许用挤压应力 $[\sigma_{bs}] = 10\text{MPa}$，许用切应力 $[\tau] = 2.5\text{MPa}$，求许可拉力 P。

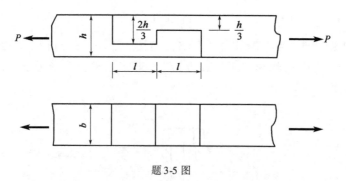

题 3-5 图

第4章 扭转

4.1 工程中的扭转实例

扭转变形是杆件变形的另一种基本形式。其受力特点是，直杆在两横截面内分别受到大小相等、转向相反的外力偶作用。在这对外力偶作用下，杆上任意两横截面都发生了绕杆轴线的相对转动。这种变形称为直杆的扭转变形。以扭转为主要变形特征的直杆习惯上也称为轴，轴是生产和生活中广泛使用的杆件之一。例如图 4-1 所示的汽车方向盘的操纵杆等。本章主要讨论圆轴扭转时的内力、应力、强度与刚度等问题。图 4-2 所示为圆轴扭转的计算简图。

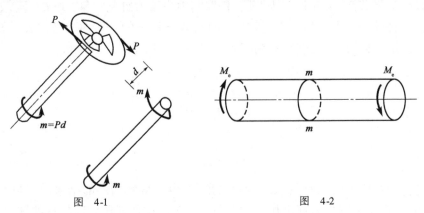

图 4-1 图 4-2

4.2 扭矩和扭矩图

4.2.1 轴外力偶矩的计算

对于传动轴，工程上往往只给出它所传递的功率和每分钟的转数。为了计算轴的内力和变形，首先需要计算出使轴发生扭转的外力偶矩的大小。

设有一传动轴如图 4-3 所示，转速为每分钟 n 转，轴传递的功率由主动轮输入，通过从动轮分配出去。若通过某一轮所输入的功率为 $P(\mathrm{kW}, 1\mathrm{kW}=1\mathrm{kN}\cdot\mathrm{m/s})$，则该轮每分钟所做的功为

$$W = 60P \tag{4-1a}$$

忽略摩擦等能量损耗，此功与作用在轮上的外力偶 m_t 每分钟内所做的功应相等。轴在稳定转动情况下，外力偶在每分钟内所做的功等于其矩与轮在每分钟内转角 φ 的乘积：

$$W = m_\mathrm{t}\varphi = m_\mathrm{t} 2\pi n \tag{4-1b}$$

联立式(4-1a)、式(4-1b)，即得到作用在该轮上的外力偶矩为

$$m_\mathrm{t} = \frac{60P}{2\pi n} = 9549\frac{P}{n}(\mathrm{N}\cdot\mathrm{m}) \tag{4-2}$$

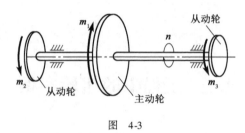

图 4-3

4.2.2 轴扭转时的内力、扭矩和扭矩图

外力偶矩确定后，现在研究传动轴扭转时的内力。以图 4-4a)所示轴为例，已知作用在轴上的外力偶矩为 M_t，现用截面法确定杆件任一横截面 $n—n$ 上的内力。

假想将杆件沿横截面 $n—n$ 切分为两段，任取其中一段为研究对象，例如左段，如图 4-4b)所示。根据该段杆件的平衡条件可知，扭转时，杆件横截面上的分布内力必构成一矢量方向垂直于杆件横截面的力偶，该内力偶矩称为扭矩，用符号 T 表示。由平衡方程

$$\sum M_x = 0$$

即

$$T - M_\mathrm{t} = 0$$

可得

$$T = M_\mathrm{t}$$

如果取杆件的右段为研究对象，如图 4-4c)所示，也会得到同样的结果。它与前者互为作用力和反作用力，在受力图中表现出相反的方向。与轴向拉伸和压缩时杆件的轴力一样，无论从左段还是从右段求得同一截面的内力，应该具有相同的正负符号，为此，作如下规定：按右手螺旋法则，矢量方向离开截面的扭矩为正，矢量方向指向截面的扭矩为负。在图 4-4b)和图 4-4c)中，截面 $n-n$ 的扭矩 T 均为正。

为了形象地表示扭矩沿杆轴线的变化情况，用沿杆轴线方向的坐标表示横截面的位置，用垂直于杆轴线的另一坐标表示相应截面上的扭矩，这样得到的图形称为扭矩图。下面通过例 4-1 说明扭矩图的绘制方法。

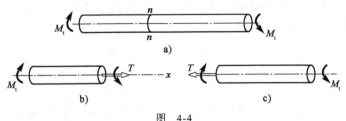

图 4-4

例 4-1 如图 4-5a)所示的实心圆截面传动轴,转速 $n=300\text{r/min}$,C 为主动轮,输入功率 $P_C=40\text{kW}$。A、B、D 为从动轮,输出功率分别为 $P_A=10\text{kW}, P_B=12\text{kW}, P_D=18\text{kW}$。试作传动轴的扭矩图。

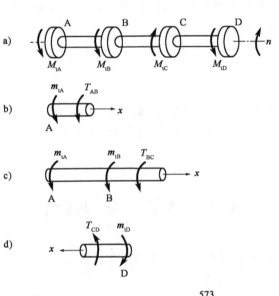

图 4-5

解:首先按照式(4-2)计算外力偶矩,得

$$M_{tA} = 9549\frac{P_A}{n} = 9549 \times \frac{10}{300} \approx 318(\text{N}\cdot\text{m})$$

$$M_{tB} = 9549\frac{P_B}{n} = 9549 \times \frac{12}{300} \approx 382(\text{N}\cdot\text{m})$$

$$M_{tC} = 9549\frac{P_C}{n} = 9549 \times \frac{40}{300} \approx 1273(\text{N}\cdot\text{m})$$

$$M_{tD} = 9549\frac{P_D}{n} = 9549 \times \frac{18}{300} \approx 573(\text{N}\cdot\text{m})$$

然后,利用截面法求解各段的轴力。

AB 段：在 AB 之间任意位置假想将其截断，取出左段为研究对象，如图 4-5b) 所示。由此段的平衡条件可得

$$\sum M_x = 0, M_{tA} + T_{AB} = 0$$

解得

$$T_{AB} = -318 \text{N} \cdot \text{m}$$

BC 段：在 BC 之间任意位置假想将其截断，取出左段为研究对象，如图 4-5c) 所示。由此段的平衡条件可得

$$\sum M_x = 0, M_{tA} + M_{tB} + T_{BC} = 0$$

解得

$$T_{BC} = -700 \text{N} \cdot \text{m}$$

CD 段：在 CD 之间任意位置假想将其截断，取出右段为研究对象，如图 4-5d) 所示。由此段的平衡条件可得

$$\sum M_x = 0, T_{CD} + M_{tD} = 0$$

解得

$$T_{CD} = -573 \text{N} \cdot \text{m}$$

根据以上计算结果作出传动轴的扭矩图，如图 4-5e) 所示。

在上例中，如将轮 C 和轮 D 的位置互换，扭矩图将有何变化？主动轮和从动轮的位置怎样布置是最合理的？

4.3 薄壁圆筒的扭转

在研究等直圆杆扭转的一般情况之前，先研究薄壁圆筒扭转的简单情况，由此得出扭转切应力、切应变的概念以及它们之间的关系。

4.3.1 薄壁圆筒扭转时的应力

薄壁圆筒的扭转是较为简单的一种扭转变形问题。下面研究薄壁圆筒的扭转问题，并借此介绍扭转问题的一些重要概念和基本定律，为进一步研究圆轴扭转问题做准备。

设一薄壁圆筒，如图 4-6a) 所示，壁厚 t 远小于其平均半径 r_0（$t/r_0 \leqslant 0.1$）。为了研究其扭转时的变形和内力，可从试验观察入手。为此，先在圆筒表面画出一系列平行于轴线的纵向线和与轴线垂直的横向圆周线，在圆筒表面形成许多大小相同的矩形格子。然后，在圆筒两端垂直于轴线的平面内，施加一对大小相等、转向相反的力偶。这时可以看到如图 4-6b) 所示现象：

(1) 所有纵向线仍为直线，但都倾斜了同一 γ 角，矩形格子变成了平行四边形；

(2) 横向圆周线的形状、大小和它们之间的间距未变，但都不同程度地绕轴线旋转了一角度。

如果把横向圆周线看成横截面的外周线，那么由外周线保持形状、大小都不变的现象即可认为横截面在变形后仍保持其原来的形状，其大小也不变。由于每个横截面都绕轴线转了一个角度，说明横截面上作用有与截面相切的应力，即切应力。由于各横向圆周线之间的距离未

变,即可认为纵向无线应变,所以横截面上无正应力。

由于所有纵向线都沿圆筒表面倾斜了同一 γ 角,所有矩形格子的直角都改变了 γ,这个直角的改变量 γ 称为切应变,所以圆筒表面各点切应变相等,同时也说明横截面上的切应力是沿周向均匀分布的。又因为筒壁厚度 t 远小于平均半径 r_0,因此可以近似地认为,切应力沿壁厚数值无变化。

根据以上分析可知:薄壁圆筒扭转时,横截面上的切应力在数值上处处相等,方向与圆周相切,如图 4-6c)所示。

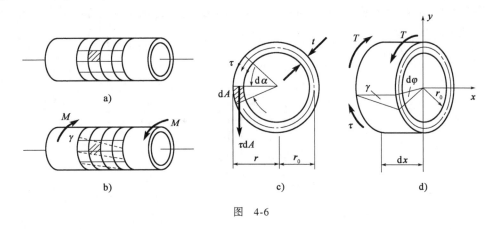

图 4-6

下面推导切应力 τ 的计算公式。

如图 4-6c)所示,在横截面上任取一微面积元 dA,切向内力元素 τdA 到圆心的距离近似取为 r_0,该内力元素对 x 轴的矩为 $\tau dA \cdot r_0$,整个横截面上它们合成为截面上的扭矩 T,即

$$T = \int_A \tau dA \cdot r_0$$

因 τ 和 r_0 是常量,所以

$$T = \tau r_0 \int_A dA = \tau r_0 \cdot 2\pi r_0 t = 2\pi r_0^2 t \tau$$

令 $A_0 = \pi r_0^2$,它表示以圆筒平均半径 r_0 所作圆的面积,从而得到

$$\tau = \frac{T}{2A_0 t} \tag{4-3}$$

上式即为薄壁圆筒扭转时的切应力计算公式。

4.3.2 薄壁圆筒扭转时的变形

如图 4-6d)所示,取出圆筒受扭时的 dx 微段,有下面的几何关系:

$$\gamma dx = r d\varphi$$

式中:r——圆筒的外半径;

$d\varphi$——dx 微段两端面之间的相对扭转角。

对于长为 l,两端界面内受外力偶作用而扭转的薄壁圆筒,两端面之间的相对扭转角为

$$\varphi = \frac{\gamma}{r}\int_0^l dx = \frac{\gamma l}{r} \tag{4-4}$$

4.3.3 切应力互等定理

用两个横截面、两个通过轴线的径向纵截面和两个与筒壁平行的环向纵截面切出任一微六面体,称为单元体,并在其上建立坐标系 $Oxyz$,如图 4-7 所示。由前面的讨论可知,在单元体由横截面截出的两侧面上,只有切应力 τ,其方向与 y 轴平行。由于圆筒处于平衡状态,此单元体也应平衡。根据静力平衡条件 $\sum F_y = 0$,这两个侧面上的内力元素 $\tau \mathrm{d}y\mathrm{d}z$ 应该是大小相等、指向相反的一对力,它们形成一个力偶,其矩是 $(\tau \mathrm{d}y\mathrm{d}z)\mathrm{d}x$。为了维持平衡,单元体上、下两面上将有大小相等、指向相反的一对内力元素 $\tau' \mathrm{d}x\mathrm{d}z$,它们组成与上述转向相反的力偶,其矩为 $(\tau' \mathrm{d}x\mathrm{d}z)\mathrm{d}y$。

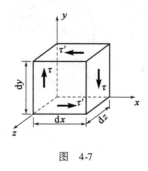

图 4-7

由平衡条件

$$\sum M = 0$$

即

$$(\tau \mathrm{d}y\mathrm{d}z)\mathrm{d}x = (\tau' \mathrm{d}x\mathrm{d}z)\mathrm{d}y$$

可得

$$\tau' = \tau \tag{4-5}$$

上式说明:在单元体相互垂直的两个平面上,切应力总是同时出现,其大小相等,方向都同时指向或背离该两平面的交线。此关系称为切应力互等定理。此定理具有普遍意义,在同时存在正应力的情况下依然成立。

4.3.4 纯剪切——剪切胡克定律

上述从薄壁圆筒上切出的微体,其四个侧面上只作用有切应力而无正应力,这种状态称为**纯剪切**。

微体在切应力作用下发生剪切变形,互相垂直的侧边所夹直角发生改变,该直角的改变量称为切应变,用符号 γ 表示,如图 4-6d)所示。切应变 γ 是无量纲量。

实验表明,当切应力不超过材料的剪切比例极限时,切应力 τ 与切应变 γ 呈正比,即

$$\tau = G\gamma \tag{4-6}$$

比例常数 G 称为材料的剪切弹性模量。剪切弹性模量 G 的量纲与切应力相同。式(4-6)称为剪切胡克定律。

这里还应指出(证明从略),对各向同性材料,在其弹性模量 E、剪切弹性模量 G 和泊松比 μ 这三个弹性常数之间,存在如下关系:

$$G = \frac{E}{2(1+\mu)} \tag{4-7}$$

即,只要知道任意两个弹性常数,可由式(4-7)确定第三个。

4.4 圆轴扭转时的应力和强度条件

现在研究圆轴扭转时横截面上的应力,这里需要综合考虑几何、物理和静力学三方面的关系。

4.4.1 圆轴扭转时横截面上的应力

如图 4-8a) 所示,首先考察实心圆截面轴在外力偶 M_t 作用下的变形现象。与考察薄壁圆筒扭转问题一样,变形前在圆轴侧表面上用相距很近的圆周线和纵向线画出方格。试验表明,扭转时圆轴表面的变形情况与薄壁圆筒相似,即变形后圆周线绕轴线发生相对转动,但仍保持为圆形,且各圆周线间的距离不变,同时,圆轴表面的各纵向线都倾斜了同一角度。

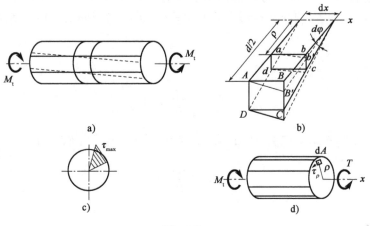

图 4-8

圆轴内部的变形情况无法直接观察到,但可根据上述现象作出相应假设。该假设认为,扭转变形时,圆轴的横截面像刚性平面一样绕轴线旋转了一个角度。即原为平面的横截面,变形后仍保持为平面,其形状与大小均不变,横截面半径仍保持为直线,且相邻两截面间的距离不变。这就是圆轴扭转的平面假设。

为进一步分析圆轴内部的变形情况,用相距 dx 的两个横截面和夹角很小的两个径向截面,在轴上切取一个如图 4-8b) 所示的微小楔形体。根据平面假设,楔体左、右两横截面间绕轴线相对旋转了 $d\varphi$ 角,轴内半径为 ρ 的圆柱面上与楔体相交所成的方格 $abcd$ 和圆轴表层方格 $ABCD$ 一样,也会发生变形,其切应变为

$$\gamma_\rho \approx \tan\gamma_\rho = \frac{bb'}{ab} = \frac{\rho d\varphi}{dx}$$

式中,$\dfrac{d\varphi}{dx}$ 表示长度为 dx 段的相对扭转角,对同一横截面它为常数。上式又可写为

$$\gamma_\rho = \rho \frac{d\varphi}{dx} \tag{4-8}$$

式(4-8)表明,横截面上任一点的切应变与该点到圆心的距离呈正比。又由胡克定律可知,在比例极限范围内

$$\tau = G\gamma$$

故得

$$\tau_\rho = G\gamma_\rho = G\rho \frac{d\varphi}{dx} \tag{4-9}$$

式(4-9)表明,横截面上任一点的切应力与该点到圆心的距离呈正比。因剪切变形发生在与半径垂直的平面内,故切应力的方向垂直于该点的半径,如图4-8c)所示。此外,根据平面假设,横截面上不存在正应力。从轴内切出的包含横截面及径向截面的微小六面体,都处于纯剪切状态。

确定圆轴扭转时横截面上应力的大小与分布规律,必须从变形几何方面、应力应变关系方面(即物理方面)和静力学方面进行综合分析。以上只研究了问题的变形几何方面和物理方面,并建立了关系式(4-9)。最后,还需利用静力学关系来确定扭转切应力 τ_ρ 的大小。

在横截面上任取一距圆心为 ρ 的微面积 dA,如图4-8d)所示,作用在此面积上的力是 $\tau_\rho dA$,该力对圆心的矩是 $\tau_\rho dA\rho$。在整个截面上积分,即得横截面上的扭矩 T,即

$$T = \int_A \rho\tau_\rho dA \tag{4-10}$$

将式(4-9)代入上式可得

$$T = \int_A G\frac{d\varphi}{dx}\rho^2 dA$$

对于确定的材料和给定截面,G 和 $\frac{d\varphi}{dx}$ 均为常数,于是,上式可改写为

$$T = G\frac{d\varphi}{dx}\int_A \rho^2 dA$$

令

$$I_p = \int_A \rho^2 dA \tag{4-11}$$

I_p 称为横截面对圆心的极惯性矩。极惯性矩是只与截面几何尺寸有关的量,其量纲是[长度^4],则

$$T = GI_p \frac{d\varphi}{dx}$$

或

$$\frac{d\varphi}{dx} = \frac{T}{GI_p} \tag{4-12}$$

式(4-12)是圆轴扭转变形的基本关系式。

联立式(4-9)和式(4-12)可得横截面扭转切应力计算公式为

$$\tau_\rho = \frac{T\rho}{I_p} \tag{4-13}$$

由式(4-13)可知,最大切应力发生在圆截面周边各点处,如用 d 表示圆轴横截面的直径,

则最大切应力的值为

$$\tau_{\max} = \frac{Td/2}{I_p}$$

令

$$W_p = \frac{I_p}{d/2} \tag{4-14}$$

W_p 称为抗扭截面模量,也是只与截面面积尺寸相关的量,其量纲是[长度^3],则最大切应力的计算公式可写为

$$\tau_{\max} = \frac{T}{W_p} \tag{4-15}$$

式(4-15)表明,圆轴扭转时横截面最大剪应力与截面扭矩呈正比,与抗扭截面模量呈反比。

4.4.2 极惯性矩 I_p 和抗扭截面模量 W_p 的计算

由定义式(4-11)可知,极惯性矩为

$$I_p = \int_A \rho^2 dA$$

如图 4-9a)所示,对直径为 d 的实心圆截面,取距圆心为 ρ、宽度为 $d\rho$ 的狭圆环面积作为积分式中的 dA,即

$$dA = 2\pi\rho \cdot d\rho$$

则极惯性矩的计算式为

$$I_p = \int_A \rho^2 dA = \int_0^{\frac{d}{2}} \rho^2 2\pi\rho d\rho = \frac{\pi d^4}{32} \tag{4-16}$$

抗扭截面模量的计算式为

$$W_p = \frac{I_p}{d/2} = \frac{\pi d^3}{16} \tag{4-17}$$

由圆轴扭转时横截面上切应力的分布规律可知,圆心附近的切应力很小,材料没有充分发挥作用。若将轴心部分的材料重新配置在周边附近,即采用空心圆截面,则必将提高材料的利用率。

对空心圆截面$\left[\text{如图 4-9b)所示,其外径为 } D,\text{内径为 } d, \frac{d}{D} = \alpha \text{ 称为空心比}\right]$,极惯性矩的计算式为

$$I_p = \int_A \rho^2 dA = \int_{\frac{d}{2}}^{\frac{D}{2}} \rho^2 2\pi\rho d\rho = \frac{\pi}{32}(D^4 - d^4) = \frac{\pi D^4}{32}(1 - \alpha^4) \tag{4-18}$$

抗扭截面模量的计算式为

$$W_p = \frac{I_p}{D/2} = \frac{\pi D^3}{16}(1 - \alpha^4) \tag{4-19}$$

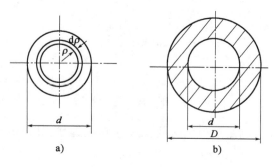

图 4-9

4.4.3 圆轴扭转时的强度条件

等截面圆轴的最大扭转切应力 τ_{max},发生在最大扭矩 T_{max} 所在截面的周边各点处,这些点是圆轴扭转强度计算的危险点。圆轴扭转的强度条件是

$$\tau_{max} = \frac{T_{max}}{W_p} \leq [\tau] \tag{4-20}$$

式中:$[\tau]$——材料的许用切应力。

对非等截面圆轴,应首先根据扭矩 T 及抗扭截面模量 W_p 沿轴线的变化情况,确定实际最大扭转切应力 τ_{max} 及其所在截面(强度计算的危险截面)的位置,然后再应用强度条件进行计算。

根据圆轴扭转的强度条件,可进行轴的强度校核、截面设计和确定许可载荷等计算。

例 4-2 如图 4-10a)所示阶梯状圆轴,AB 段直径 $d_1 = 120$mm,BC 段直径 $d_2 = 100$mm,扭转力偶矩为 $m_A = 22$kN·m,$m_B = 36$kN·m,$m_C = $ kN·m。已知材料的许用切应力 $[\tau] = 80$MPa,试校核该轴的强度。

解:用截面法求得 AB、BC 段的扭矩分别为 $T_1 = 22$kN·m,$T_2 = -14$kN·m,从而绘出扭矩图如图 4-10b)所示。

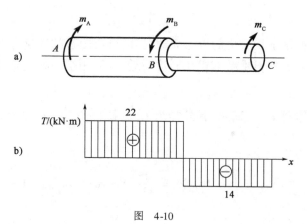

图 4-10

从扭矩图中可见,AB 段的扭矩比 BC 段的扭矩大,但因两端轴的直径不同,因此需要分别校核两端轴的强度。由式(4-20),可得

AB 段:

$$\tau_{\max} = \frac{T_1}{W_{p1}} = \frac{22 \times 10^3}{\frac{\pi}{16} \times 0.12^3} \approx 64.84 \times 10^6 (\text{Pa}) = 64.84(\text{MPa}) < [\tau]$$

BC 段：

$$\tau_{\max} = \frac{T_2}{W_{p2}} = \frac{14 \times 10^3}{\frac{\pi}{16} \times 0.1^3} \approx 71.3 \times 10^6 (\text{Pa}) = 71.3(\text{MPa}) < [\tau]$$

因此该轴满足强度条件。

例 4-3 由无缝钢管制成的汽车传动轴，外径 $D = 89\text{mm}$，壁厚 $\delta = 2.5\text{mm}$，材料为 20 号钢，使用时的最大扭矩 $T = 1930\text{N} \cdot \text{m}$，许用切应力 $[\tau] = 70\text{MPa}$。(1)校核此轴的强度；(2)如把该传动轴改为实心轴，要求它与原来的空心轴强度相同，试确定其直径，并比较实心轴和空心轴的质量。

解：(1)计算抗扭截面模量，有

$$\alpha = \frac{d}{D} = \frac{0.084}{0.089} \approx 0.944$$

$$W_p = \frac{\pi D^3}{16}(1 - \alpha^4) = \frac{3.14 \times 0.089^3}{16} \times (1 - 0.944^4) \approx 29 \times 10^{-6}(\text{m}^3)$$

强度校核：

$$\tau_{\max} = \frac{T_{\max}}{W_p} = \frac{1930}{29 \times 10^{-6}} \approx 66.6 \times 10^6 (\text{Pa}) = 66.6(\text{MPa}) < [\tau] = 70(\text{MPa})$$

所以该轴强度满足要求。

(2)当实心轴和空心轴的最大应力均为 $[\tau]$ 时，两轴的许可扭矩分别为

实心：

$$T_1 = W_p[\tau] = \frac{\pi}{16}D_1^3[\tau]$$

空心：

$$T_2 = W_p[\tau] = \frac{\pi}{16}D^3(1-\alpha^4)[\tau] = \frac{\pi}{16}89^3(1-0.944^4)[\tau]$$

若两轴强度相等，则 $T_1 = T_2$，于是有

$$D_1^3 = 89^3(1 - 0.944^4)$$

即

$$D_1 \approx 53.1\text{mm} = 0.0531\text{m}$$

在两轴长度相等、材料相同的情况下，两轴质量之比等于横截面面积之比。即

$$\frac{A_{空}}{A_{实}} = \frac{\frac{\pi}{4}(D^2 - d^2)}{\frac{\pi D_1^2}{4}} = \frac{\frac{\pi}{4}(0.089^2 - 0.084^2)}{\frac{\pi \times 0.0531^2}{4}} \approx \frac{6.87 \times 10^{-4}}{22.2 \times 10^{-4}} \approx 0.31$$

可见在载荷相同的条件下，空心轴的质量仅为实心轴的 31%。

例 4-4 如图 4-11 所示，实心圆轴和空心轴通过牙嵌式离合器相互连接。已知轴的转速 $n = 100\text{r/min}$，传递的功率 $P = 7.5\text{kW}$，材料的许用切应力 $[\tau] = 40\text{MPa}$，试通过计算确定：

(1)采用实心轴时，直径 d_1 的大小；

(2) 采用内外径比值为 1/2 的空心轴时,外径 D_2 的大小。

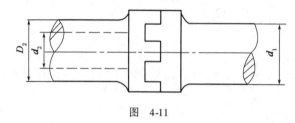

图 4-11

解:计算外力偶矩,得

$$T = 9549 \frac{P}{n} = 9549 \times \frac{7.5}{100} = 716(\text{N} \cdot \text{m})$$

(1) 采用实心轴时,直径 d_1 的大小应满足下式:

$$\tau_{\max} = \frac{T}{W_p} = \frac{716}{\frac{\pi}{16} \times d_1^3} \leq [\tau] = 40 \times 10^6 \text{Pa}$$

解得

$$d_1 \geq \sqrt[3]{\frac{T}{\frac{\pi}{16} \times [\tau]}} = \sqrt[3]{\frac{716}{\frac{\pi}{16} \times 40 \times 10^6}} \approx 0.0450(\text{m}) = 45.0(\text{mm})$$

(2) 采用内外径比值 $\alpha = 1/2$ 的空心轴时,外径 D_2 的大小应满足下式:

$$\tau_{\max} = \frac{T}{W_p} = \frac{716}{\frac{\pi}{16} \times D_2^3 (1 - \alpha^4)} \leq [\tau] = 40 \times 10^6 \text{Pa}$$

解得

$$D_2 \geq \sqrt[3]{\frac{T}{\frac{\pi}{16} \times [\tau](1 - \alpha^4)}} = \sqrt[3]{\frac{716}{\frac{\pi}{16} \times 40 \times 10^6 \times (1 - 0.5^4)}} \approx 0.0460(\text{m}) = 46.0(\text{mm})$$

4.5 圆轴扭转时的变形和刚度条件

4.5.1 圆轴扭转时的变形

等直圆轴在扭转时的变形,用两横截面绕杆轴线的相对扭转角 φ 来度量。与拉(压)杆相仿,计算变形主要是为了进行刚度计算和解扭转超静定问题。由式(4-12)可知

$$\frac{\mathrm{d}\varphi}{\mathrm{d}x} = \frac{T}{GI_p} \quad \text{或} \quad \mathrm{d}\varphi = \frac{T}{GI_p}\mathrm{d}x$$

式中:$\mathrm{d}\varphi$——相距 $\mathrm{d}x$ 的两横截面间的相对扭转角。

对长度为 l 的一段杆,两端面的相对扭转角为

$$\varphi = \int_0^l \frac{T}{GI_p}\mathrm{d}x$$

若在长为 l 的一段杆内,扭矩 T 为常量,材料相同,则上式积分后得

$$\varphi = \frac{Tl}{GI_p} \tag{4-21}$$

φ 的单位为弧度,用 rad 表示。由上式可见,φ 与 GI_p 呈反比,GI_p 越大,杆就越难发生扭转变形,它反映了等直圆轴抵抗扭转变形的能力,称为抗扭刚度。为了确定轴的扭转变形程度,可用相对扭转角沿轴长度的变化率 $\frac{d\varphi}{dx}$ 来量度,这个量称为单位长度扭转角,常用单位是 rad/m。用 θ 表示:

$$\theta = \frac{d\varphi}{dx} = \frac{T}{GI_p} \tag{4-22}$$

4.5.2 圆轴扭转时的刚度条件

扭转的刚度条件就是限定单位长度扭转角 θ 的最大值不得超过规定的允许值 $[\theta]$,即

$$\theta_{max} = \left(\frac{T}{GI_p}\right)_{max} \leqslant [\theta] \tag{4-23}$$

式中,$[\theta]$ 为许用单位长度扭转角。工程计算中,常以 (°)/m 为单位给出 $[\theta]$ 的值,此时应先将左端进行换算,上式变为

$$\theta_{max} = \left(\frac{T}{GI_p}\right)_{max} \times \frac{180}{\pi} \leqslant [\theta] \tag{4-24}$$

根据圆轴扭转的刚度条件,可进行轴的刚度校核、截面设计和确定许可载荷等计算。

例 4-5 如图 4-12a) 所示阶梯轴,外力偶矩 $M_{e1} = 0.8\text{kN} \cdot \text{m}$,$M_{e2} = 2.3\text{kN} \cdot \text{m}$,$M_{e3} = 1.5\text{kN} \cdot \text{m}$,$AB$ 段的直径 $d_1 = 4\text{cm}$,BC 段的直径 $d_2 = 7\text{cm}$。已知材料的剪切弹性模量 $G = 80\text{GPa}$,试计算 φ_{AB} 和 φ_{AC}。

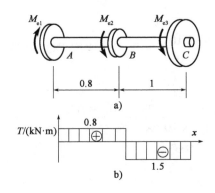

图 4-12 (尺寸单位:m)

解:(1)作轴的扭矩图。
利用截面法计算各段的扭矩,将扭矩图画在图 4-12a) 中轴的下方,如图 4-12b) 所示。
(2)极惯性矩的计算:

$$I_{p1} = \frac{\pi d_1^4}{32} = \frac{3.14 \times 4^4}{32} \approx 25.1(\text{cm}^4)$$

$$I_{p2} = \frac{\pi d_2^4}{32} = \frac{3.14 \times 7^4}{32} \approx 236(\text{cm}^4)$$

(3) 轴的变形计算:

$$\varphi_{AB} = \frac{T_1 l_1}{GI_{p1}} = \frac{0.8 \times 10^3 \times 0.8}{80 \times 10^9 \times 25.1 \times 10^{-12}} \approx 0.0318(\text{rad})$$

$$\varphi_{BC} = \frac{T_2 l_2}{GI_{p2}} = \frac{-1.5 \times 10^3 \times 1}{80 \times 10^9 \times 236 \times 10^{-12}} \approx -0.0079(\text{rad})$$

$$\varphi_{AC} = \varphi_{AB} + \varphi_{BC} = 0.0318 - 0.0079 = 0.0239(\text{rad})$$

例 4-6 某汽车的主传动轴用 40 号钢的电焊钢管制成,钢管外径 $D = 76$mm,壁厚 $t = 2.5$mm,轴传递的转矩 $m = 1.98$kN·m,材料的许用切应力 $[\tau] = 100$MPa,剪切弹性模量为 $G = 80$GPa,轴的许用单位长度扭角 $[\theta] = 2°/$m。试校核轴的强度和刚度。

解:(1) 轴的扭矩等于轴传递的转矩:

$$T = m = 1.98\text{kN} \cdot \text{m}$$

(2) 轴的内、外径之比:

$$\alpha = \frac{d}{D} = \frac{D - 2t}{D} = 0.934$$

(3) 极惯性矩和抗扭截面模量的计算:

$$I_p = \frac{\pi D^4(1 - \alpha^4)}{32} = \frac{3.14 \times 0.076^4 \times (1 - 0.934^4)}{32} \approx 7.82 \times 10^{-7}(\text{m}^4)$$

$$W_p = \frac{I_p}{D/2} = \frac{7.82 \times 10^{-7}}{0.076/2} \approx 2.06 \times 10^{-5}(\text{m}^3)$$

(4) 强度校核:

$$\tau_{\max} = \frac{T_{\max}}{W_p} = \frac{1.98 \times 10^3}{2.06 \times 10^{-5}} \approx 96.1 \times 10^6(\text{Pa}) = 96.1(\text{MPa}) < [\tau]$$

(5) 刚度校核:

$$\theta_{\max} = \frac{T_{\max}}{GI_p} \times \frac{180}{\pi} = \frac{1.98 \times 10^3 \times 180}{80 \times 10^9 \times 7.82 \times 10^{-7} \times 3.14} \approx 1.81(°/\text{m}) < [\theta]$$

所以该轴的强度和刚度均符合要求。

本章小结

本章主要研究圆轴受扭转时,其内力、应力、变形的分析方法及强度和刚度的计算。
(1) 通过对受扭薄壁圆筒的分析引入:
① 纯剪切单元体和切应力互等定理;

②剪切胡克定律 $\tau = G\gamma$。

它们是研究圆轴扭转时应力和变形的理论基础,也是材料力学中重要的基本概念和基本规律。

(2)在平面假设的基础上,利用上述基本概念和规律得到圆轴扭转时相应问题的计算公式。

①切应力公式:
$$\tau_\rho = \frac{T\rho}{I_p}$$

②变形公式:
$$\varphi = \frac{Tl}{GI_p}$$

③强度条件:
$$\tau_{max} = \frac{T}{W_p} \leq [\tau]$$

④刚度条件:
$$\theta = \frac{T}{GI_p} \leq [\theta]$$

其中剪切胡克定律以及材料的许用切应力均依赖扭转实验研究。

习题

4-1 如题 4-1 图所示,某传动轴,转速 $n = 200\text{r/min}$,轮 2 为主动轮,输入功率 $P_2 = 60\text{kW}$,轮 1、3、4、5 均为从动轮,输出功率各为 $P_1 = 18\text{kW}$,$P_3 = 12\text{kW}$,$P_4 = 22\text{kW}$,$P_5 = 8\text{kW}$。试作该传动轴的扭矩图。

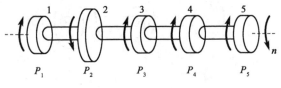

题 4-1 图

4-2 一直径 $d = 50\text{mm}$ 的圆轴,其两端受 $1\text{kN} \cdot \text{m}$ 的外力偶矩作用而发生扭转,轴材料的剪切弹性模量 $G = 80\text{GPa}$。试求:

(1)横截面上 $\rho = d/4$ 处的切应力和切应变;

(2)最大切应力和单位长度扭转角。

4-3 圆截面传动轴,直径 $d = 100\text{mm}$,轴的转速 $n = 120\text{r/min}$,轴材料的剪切弹性模量 $G = 80\text{GPa}$。如题 4-3 图所示,由试验测得该轴在相距 1m 的两截面 A、B 之间的扭转角 $\varphi_{AB} = 0.02\text{rad}$,试求该轴所传递的功率。

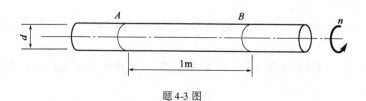

题 4-3 图

4-4 一空心圆轴的外径 $D=90\mathrm{mm}$，内径 $d=60\mathrm{mm}$。试计算该轴的抗扭截面系数 W_p。若在横截面面积不变的情况下，改用实心圆轴，试比较两者的抗扭截面系数。计算结果说明了什么？

4-5 如题 4-5 图所示圆轴，AC 段为实心圆截面，CB 段为空心圆截面，外径 $D=30\mathrm{mm}$，内径 $d=20\mathrm{mm}$，外力偶矩 $m=200\mathrm{N}\cdot\mathrm{m}$，试计算 AC 段和 CB 段横截面外边缘的切应力，以及 CB 段内边缘处的切应力。

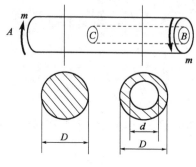

题 4-5 图

4-6 传动轴 AC 如题 4-6 图所示，主动轮 A 传递的外力偶矩 $M_{\mathrm{e}1}=1\mathrm{kN}\cdot\mathrm{m}$，从动轮 B、C 传递的外力偶矩分别为 $M_{\mathrm{e}2}=0.4\mathrm{kN}\cdot\mathrm{m}$，$M_{\mathrm{e}3}=0.6\mathrm{kN}\cdot\mathrm{m}$，已知轴的直径 $d=4\mathrm{cm}$，各轮的间距 $l=50\mathrm{cm}$，剪切弹性模量 $G=80\mathrm{GPa}$。

（1）试合理布置各轮的位置；

（2）试求各轮在合理位置时轴内的最大切应力以及轮 A 与轮 C 之间的相对扭转角。

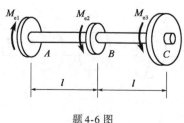

题 4-6 图

4-7 某传动轴，转速 $n=250\mathrm{r/min}$，传递功率 $P=60\mathrm{kW}$，材料的剪切弹性模量 $G=80\mathrm{GPa}$，许用切应力 $[\tau]=40\mathrm{MPa}$，许用单位长度扭转角 $[\theta']=0.8°/\mathrm{m}$。试按强度条件及刚度条件的要求设计轴的直径。

4-8 如题 4-8 图所示传动轴 AB，已知 A 处输入功率为 $P_1=500\mathrm{kW}$，C 处与 B 处输出功率分别为 $P_2=200\mathrm{kW}$ 和 $P_3=300\mathrm{kW}$。现要求轴的 AC 与 CB 两段内的最大扭转切应力相同，试确定此时两段轴的直径之比。

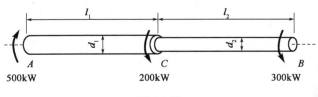

题 4-8 图

4-9 如题 4-9 图所示,两圆轴用法兰上的 12 个螺栓连接。已知轴的传递扭矩 $T=50\text{kN}\cdot\text{m}$,法兰边厚 $t=2\text{cm}$,平均直径 $D=30\text{cm}$,轴的许用切应力 $[\tau]=40\text{MPa}$;螺栓的许用切应力 $[\tau]=60\text{MPa}$,许用挤压应力 $[\sigma_{bs}]=120\text{MPa}$。试求轴的直径 d 和螺栓的直径 d_1。

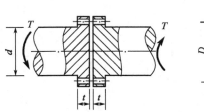 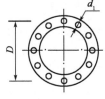

题 4-9 图

第5章 弯曲内力

5.1 工程中的弯曲实例

5.1.1 平面弯曲的实例

工程中有这样一类受力杆件,其受到的所有横向外力或外力偶均作用在包含杆件轴线的纵向平面内,变形时,杆件的轴线由直线变为曲线。杆件的这种变形形式称为弯曲。以弯曲变形为主的杆件称为梁。梁在工程中有着广泛的应用,如图5-1a)所示的桥式吊车的主梁、图5-1b)所示的火车轮轴、图5-1c)所示的管线托架等都是梁的实例。

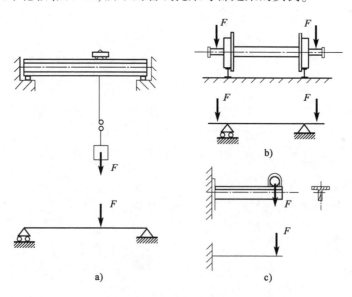

图 5-1

工程中常用的梁,其横截面通常至少具有一根对称轴,如图 5-2 所示,且梁上所有横向外力均作用在梁轴线与横截面对称轴组成的纵向对称平面内,如图 5-3 所示。变形后,梁的轴线将成为该纵向对称平面内的一条平面曲线。这种弯曲变形称为平面弯曲。材料力学主要讨论平面弯曲问题。

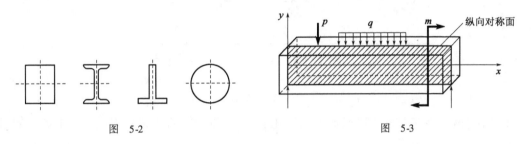

图 5-2　　　　　　　　　　　图 5-3

5.1.2　梁的计算简图

在平面弯曲情况下,可以用梁的轴线代表梁。作用于梁上的外力包括载荷和约束反力。梁的载荷分为集中力 P、集中力偶 m、分布载荷 q 三种,如图 5-4 所示。当力或力偶作用的范围与梁的尺寸相比远远为小,而可视为一点时,将其称为**集中力**或集中力偶。均匀分布在某一长度范围内的载荷称为**均匀载荷**。均匀载荷的集度用 N/m 或 kN/m 表示。非均匀分布的载荷集度在梁上各处不同,用 $q(x)$ 表示。当研究平衡问题时,分布载荷可用其合力代替。约束反力则需根据支座对梁在载荷平面内的约束情况确定。

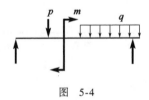

图 5-4

梁的支座按它对梁的约束情况,可以分为下面三种基本形式。

(1) 固定铰支座

图 5-5a) 所示为固定铰支座的简化形式。该支座限制梁在载荷平面内沿支承面方向和垂直于支承面方向的移动。固定铰支座有两个约束,相应有两个约束反力,即沿支承面方向的约束反力 F_{Ax} 和垂直于支承面方向的约束反力 F_{Ay}。

(2) 可动铰支座

图 5-5b) 所示为可动铰支座的简化形式。该支座限制梁在载荷平面内沿垂直于支承面方向的移动。可动铰支座有一个约束,相应只有一个约束反力,即垂直于支承面方向的约束反力 F_{Ay}。

(3) 固定端支座

图 5-5c) 所示为固定端支座的简化形式。该支座限制梁在载荷平面内沿支承面方向和垂直于支承面方向的移动,也限制梁在载荷平面内的转动。固定端支座有三个约束,相应有三个约束反力,即沿支承面方向的约束反力 F_{Ax}、垂直于支承面方向的约束反力 F_{Ay} 和约束力偶矩 M_A。

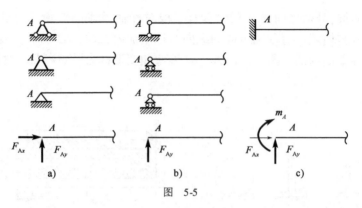

图 5-5

对实际杆件、载荷及支座进行如上的简化后,即可得到梁的计算简图。工程中常见的简单梁,依支座情况有如下形式:

(1) 简支梁:

如图 5-6a) 所示,一端为固定铰支座,另一端为可动铰支座的梁。

(2) 外伸梁:

如图 5-6b) 和图 5-6c) 所示,一端或两端向外伸出的梁。

(3) 悬臂梁:

如图 5-6d) 所示,一端为固定端支座,另一端为自由端的梁。

工程中另有一些梁,其约束反力的数目多于有效平衡方程的数目,这样的梁称为静不定梁,如图 5-7 所示。为确定静不定梁的全部约束反力,除静力学平衡方程外,还需考虑梁的变形情况。

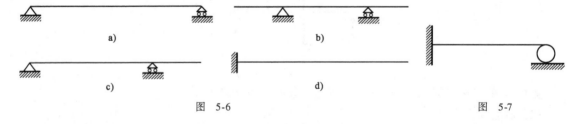

图 5-6 图 5-7

5.2 剪力和弯矩

为了计算梁的应力和变形,需首先确定梁在外力作用下任一横截面上的内力。当已知作用在梁上的全部外力(全部载荷和约束反力)时,即可用截面法求出梁上任意横截面上的内力。

现以图 5-8a) 所示受集中力 F_P 作用的简支梁为例,来分析梁上任意横截面上的内力。

梁的受力图如图 5-8a) 所示,其约束反力 F_{Ay} 和 F_{By} 可由平衡方程求出。即

$$F_{Ay} = \frac{l-a}{l}F_P, \quad F_{By} = \frac{a}{l}F_P$$

欲求梁上距 A 端 x 处 $m-m$ 横截面上的内力,用截面法在该处假想地将梁截开为两段[如图 5-8b)、c) 所示]。

现取梁的左段进行分析,因梁整体处于平衡状态,故左段必平衡,即满足$\sum F_y = 0$,则在 $m-m$ 横截面上必有一个与截面相切、作用线与 F_{Ay} 平行,而指向与 F_{Ay} 相反的内力 F_Q,称之为剪力;而 F_Q 与 F_{Ay} 组成了一个力偶,它只能被另一个力偶所平衡(即满足$\sum M_C = 0$),故在 $m-m$ 截面上必有一个与由 F_Q 和 F_{Ay} 所构成的力偶转向相反的内力偶 M,称之为弯矩。该段梁的受力图如图 5-8b)所示。再由左段的平衡方程即可求出该横截面上的内力(剪力 F_Q 和弯矩 M)。列出平衡方程

$$\sum F_y = 0, F_{Ay} - F_Q = 0, F_Q = F_{Ay} = \frac{l-a}{l}F_P$$

$$\sum M_C = 0, M - F_{Ay}x = 0, M = F_{Ay}x = \frac{l-a}{l}F_P x$$

如果取截面右侧梁段[图 5-8c)]为研究对象,剪力 F_Q 与弯矩 M 也会得到同样的结果。它们与前者互为作用力与反作用力,在受力图中表示出相反的方向。与轴向拉伸和压缩时杆件的轴力以及扭转时轴的扭矩一样,无论从左段还是从右段求得同一截面的内力,都应该具有相同的正负符号。

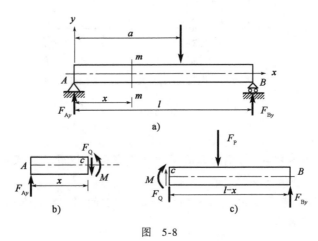

图 5-8

为了使采用截面法取不同的研究对象求内力时,所得的同一截面上的剪力和弯矩不但数值相同,而且代数符号也一致,规定剪力 F_Q 和弯矩 M 的正负如下:使微段发生顺时针转动的剪力为正剪力,反之为负剪力;使微段产生下侧受拉的弯矩为正弯矩,反之为负弯矩,如图 5-9 所示。

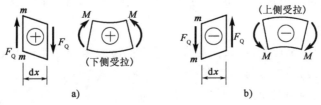

图 5-9

例 5-1 一外伸梁 CAB 如图 5-10 所示,已知均布载荷 $q = 10\text{kN/m}$,跨度 $l = 4\text{m}$,求从左、右两侧无限趋近于 A 截面的 1—1 和 2—2 截面上的剪力和弯矩。

解:(1) 求支座的约束反力。

以梁 CAB 为研究对象,其 A、B 支座的约束反力分别为 F_A 和 F_B,画受力图并列出平衡

方程：

$$\begin{cases} \sum M_A(F) = 0 \\ \sum F_y = 0 \end{cases}$$

$$\begin{cases} F_B l + q\dfrac{l}{2}\cdot\dfrac{l}{4} = 0 \\ F_A + F_B - q\dfrac{l}{2} = 0 \end{cases}$$

解得约束反力

$$F_B = -\frac{1}{8}ql,\quad F_A = \frac{5}{8}ql$$

计算出 F_B 为负值，说明图中力 F_B 的方向与实际相反，实际应向下。

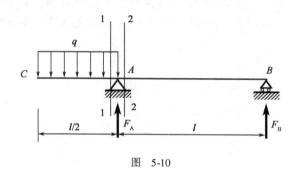

图 5-10

(2) 求梁的内力 F_Q。

若取截面左侧外力来计算，则截面上的剪力等于截面左侧外力在梁的垂直方向上投影的代数和。

截面 1—1 左侧只有均布载荷 q，且相对于截面 1—1 的形心逆时针转动，故引起负值的剪力，所以 1—1 截面的剪力为

$$F_{1-1} = -q\frac{l}{2} = -\frac{ql}{2} = -\frac{1}{2}\times 10\times 10^3\times 4 = -2\times 10^4(\text{N}) = -20(\text{kN})$$

截面 2—2 左侧外力除有均布载荷 q 外，还有约束反力 F_A，其中 F_A 相对于截面 2—2 的形心顺时针转动，引起正值的剪力。同理，可得 2—2 截面的剪力为

$$F_{2-2} = \frac{5}{8}ql - \frac{1}{2}ql = \frac{1}{8}ql = \frac{1}{8}\times 10\times 10^3\times 4 = 5\times 10^3(\text{N}) = 5(\text{kN})$$

(3) 计算弯矩 M。

取截面右侧的外力来计算，截面上的弯矩等于截面右侧所有外力对截面形心力矩的代数和。截面 1—1 和截面 2—2 右侧都只有约束反力 F_B 对截面的形心有矩，且顺时针旋转，引起截面负值的弯矩。这两个截面上的弯矩相同，均为

$$M_{1-1} = M_{2-2} = -F_B l = -\frac{1}{8}ql^2 = -\frac{1}{8}\times 10\times 10^3\times 4^2 = -2\times 10^4(\text{N}\cdot\text{m}) = -20(\text{kN}\cdot\text{m})$$

A 截面处弯矩为负值，说明梁弯曲时在该截面处向上凸。

根据上例的分析，可以总结出求剪力和弯矩的基本规律如下。

(1) 横截面上的剪力在数值上等于此横截面的左侧或右侧梁段上外力的代数和。

① 左侧梁段：向上的外力引起正值的剪力，向下的外力引起负值的剪力。
② 右侧梁段：向下的外力引起正值的剪力，向上的外力引起负值的剪力。

(2) 横截面上的弯矩在数值上等于此横截面的左侧或右侧梁段上的外力对该截面形心之力矩的代数和。

① 不论在截面的左侧还是右侧，向上的外力均将引起正值的弯矩，而向下的外力则引起负值的弯矩。

② 左侧梁段：顺时针转向的外力偶引起正值的弯矩，逆时针转向的外力偶引起负值的弯矩。

③ 右侧梁段：逆时针转向的外力偶引起正值的弯矩，顺时针转向的外力偶引起负值的弯矩。

5.3 剪力方程与弯矩方程、剪力图与弯矩图

一般情况下，在梁的不同横截面上有不同的剪力和弯矩。或者说，梁横截面上的剪力和弯矩是随横截面位置变化的。

如将横截面在梁轴线上的位置用坐标 x 表示，则梁各个横截面的剪力和弯矩可以表示为坐标 x 的函数，即

$$F_Q = F_Q(x) \tag{5-1}$$

$$M = M(x) \tag{5-2}$$

以上表达式分别称为梁的剪力方程和弯矩方程。

以 x 为横坐标，以 F_Q 或 M 为纵坐标，绘制出的 $F_Q(x)$ 或 $M(x)$ 图线分别称为梁的剪力图和弯矩图。

下面通过例题说明建立梁的剪力方程与弯矩方程和绘制梁的剪力图与弯矩图的方法。

例 5-2 悬臂梁 AB 在自由端受集中力 F_P 作用，如图 5-11a) 所示，试绘出此梁的剪力图和弯矩图。

解：(1) 列出梁的剪力方程和弯矩方程。

将坐标原点取在 A 端，建立图示的坐标系，可得

$$F_Q(x) = -F_P, 0 < x < l \tag{a}$$

$$M(x) = -F_P x, 0 \leqslant x \leqslant l \tag{b}$$

(2) 按照方程作剪力图和弯矩图。

由式 (a) 知，梁的剪力为常量，即剪力不随截面位置而变化，故剪力图是一条与 x 轴平行的直线，如图 5-11b) 所示。

由式 (b) 知，梁的弯矩为 x 的一次函数，故弯矩图是一条直线，可由两控制点确定。

在 $x = 0$ 处，$M(0) = M_A = 0$

在 $x = l$ 处，$M(l) = M_{B左} = -F_P l$

由此两点可作出梁的弯矩图，如图 5-11c) 所示。

由内力图可知，在全梁上，剪力均为极大值，$|F_Q|_{max} = F_P$。最大弯矩出现在固定端左侧截

面位置,其值为 $|M|_{max} = F_P l$。

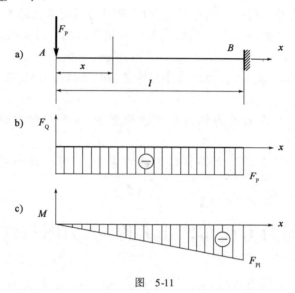

图 5-11

例 5-3 如图 5-12a)所示,简支梁 AB 受到集度为 q 的均布载荷作用,试作出此梁的剪力图和弯矩图。

解:(1)求支座约束反力。

由对称关系可知

$$F_{Ay} = F_{By} = \frac{1}{2}ql$$

(2)列出剪力方程和弯矩方程。

将 x 轴的原点取在 A 端,可得

$$F_Q(x) = F_{Ay} - qx = \frac{1}{2}ql - qx, 0 < x < l \tag{a}$$

$$M(x) = F_{Ay}x - \frac{1}{2}qx^2 = \frac{1}{2}ql \cdot x - \frac{1}{2}qx^2, 0 \leq x \leq l \tag{b}$$

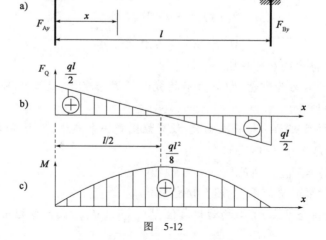

图 5-12

(3) 作剪力图和弯矩图。

由式(a)可知，剪力 $F_Q(x)$ 为 x 的一次函数，即剪力方程为一直线方程，剪力图为一条直线，可由两控制点确定。

在 $x=0$ 处，$F_Q(0) = F_{QA右} = \dfrac{1}{2}ql$

在 $x=l$ 处，$F_Q(l) = F_{QB左} = -\dfrac{1}{2}ql$

由此两点即可作出梁的剪力图，如图 5-12b) 所示。

由式(b)可知，弯矩 $M(x)$ 为 x 的二次函数，即弯矩图为一条二次抛物线，至少需三个控制点才可确定其大致形状。

在 $x=0$ 处，$M(0) = M_A = 0$

在 $x=l$ 处，$M(l) = M_B = 0$

由结构的对称性可知，弯矩的最大值出现在跨度中点处，即

在 $x=\dfrac{l}{2}$ 处，$M\left(\dfrac{l}{2}\right) = \dfrac{1}{8}ql^2$

由此即可作出梁的弯矩图，如图 5-12c) 所示。

由内力图可知，在两个支座的内侧截面上剪力最大，其值为 $|F_Q|_{max} = \dfrac{1}{2}ql$；在跨中截面上弯矩最大，其值为 $|M|_{max} = \dfrac{1}{8}ql^2$，而此截面上的剪力 $F_Q = 0$（即在剪力为零的截面上，弯矩有极值）。

例 5-4 简支梁 AB 受集中力 F_P 作用，如图 5-13 所示，试作出此梁的剪力图和弯矩图。

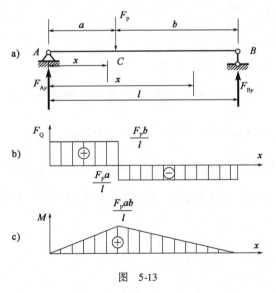

图 5-13

解:(1) 求支座的约束反力。

由梁的平衡条件可得

$$F_{Ay} = \dfrac{b}{l}F_P, \quad F_{By} = \dfrac{a}{l}F_P$$

(2) 列出剪力方程和弯矩方程。

将 x 轴的原点取在 A 端,由于梁在 C 处受集中力作用,故 AC 段和 CB 段的剪力方程和弯矩方程不相同,要分段列出。

AC 段:

$$F_Q(x) = F_{Ay} = \frac{b}{l}F_P, 0 < x < a \qquad (a)$$

$$M(x) = F_{Ay}x = \frac{b}{l}F_P x, 0 \leqslant x \leqslant a \qquad (b)$$

CB 段:

$$F_Q(x) = -F_{By} = -\frac{a}{l}F_P, a < x < l \qquad (c)$$

$$M(x) = F_{By}(l-x) = \frac{a}{l}F_P(l-x), 0 \leqslant x \leqslant a \qquad (d)$$

(3) 作剪力图和弯矩图。

由式(a)、式(c)可知,AC 段和 CB 段的剪力图均为平行于 x 轴的直线,分别位于 x 轴的上侧和下侧,剪力图如图 5-13b)所示。

由式(b)、式(d)可知,AC 段和 CB 段的弯矩均为直线,分别由两控制点确定。

AC 段:

在 $x = 0$ 处,$M(0) = M_A = 0$

在 $x = a$ 处,$M(a) = M_C = \frac{ab}{l}F_P$

CB 段:

在 $x = a$ 处,$M(a) = M_C = \frac{ab}{l}F_P$

在 $x = l$ 处,$M(l) = M_B = 0$

由此作出梁的弯矩图,如图 5-13c)所示。

由内力图可知,当 $a < b$ 时,在 AC 段的任一横截面上的剪力值最大,$|F_Q|_{max} = \frac{b}{l}F_P$,而在集中力 F_P 作用于 C 处时其横截面上的弯矩值最大,$|M|_{max} = \frac{ab}{l}F_P$。若 $a = b = \frac{l}{2}$(即集中力作用在跨中),则最大弯矩发生在梁的跨中截面上,其值为 $|M|_{max} = \frac{1}{4}F_P$。

例 5-5 如图 5-14a)所示,简支梁在 C 点处受集中力偶 m 的作用。试作此梁的剪力图和弯矩图。

解:(1) 求支座的约束反力。

由梁的平衡条件可解得

$$F_{Ay} = \frac{m}{l}, F_{By} = -\frac{m}{l}$$

(2) 列出剪力方程和弯矩方程。

将 x 轴的原点取在 A 端,由于梁在 C 处受集中力偶作用,故 AC 段和 CB 段的剪力方程和弯矩方程并不相同,需分段列出。

AC 段：

$$F_Q(x) = \frac{m}{l}, 0 < x \leq a \tag{a}$$

$$M(x) = \frac{m}{l}x, 0 \leq x < a \tag{b}$$

CB 段：

$$F_Q(x) = \frac{m}{l}, a \leq x < l \tag{c}$$

$$M(x) = \frac{m}{l}x - m, a < x \leq l \tag{d}$$

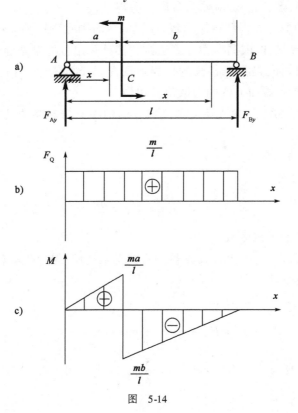

图 5-14

(3) 作剪力图和弯矩图。

由式(a)、式(c)可知，AC 段和 CB 段的剪力图均为平行于 x 轴的直线，位于 x 轴的上侧，剪力图如图 5-14b)所示。

由式(b)、式(d)可知，AC 段和 CB 段的弯矩均为直线，分别由两控制点确定。

AC 段：

在 $x = 0$ 处，$M(0) = M_A = 0$

在 $x = a_左$ 处，$M(a_左) = M_{C左} = \dfrac{ma}{l}$

CB 段：

在 $x = a_右$ 处，$M(a_右) = M_{C右} = -\dfrac{mb}{l}$

在 $x = l$ 处,$M(l) = M_B = 0$

由此作出梁的弯矩图,如图 5-14c)所示。

由内力图可知,全梁上的剪力均为极大值,$|F_Q|_{max} = \dfrac{m}{l}$。当 $a < b$ 时,在 C 截面右侧弯矩出现极大值,$|M|_{max} = \dfrac{mb}{l}$。

根据上述各例的分析,可归纳出绘制剪力图和弯矩图的基本方法和步骤以及注意事项：

(1)求支座约束反力。(对于悬臂梁可以不求。)

(2)先分段,再写出各段梁的剪力方程和弯矩方程。(支座、集中力和集中力偶的作用处,以及分布载荷的起点和终点处,均应作为各段的分界点。)

(3)根据各段梁的剪力方程和弯矩方程,作梁的剪力图和弯矩图。(先根据各段的内力方程判断各段内力图的形状,再根据内力计算法则直接计算出各控制截面的内力值,即可作出梁的内力图。所谓**控制截面**,是指梁各段的分界点截面以及极值剪力和极值弯矩所在的截面。在内力图上须标明各控制截面上的内力数值及单位。)

例 5-6 如图 5-15a)所示,简支梁受集度为 q 的均布载荷和集中力偶 m 的作用。试作此梁的剪力图和弯矩图。

解：(1)求支座的约束反力。

由梁的平衡条件可得

$$F_A = \frac{5qa}{3}, F_B = \frac{qa}{3}$$

(2)列出剪力方程和弯矩方程。

将 x 轴的原点取在 A 端,由于 C 处是梁均布载荷的终点,故 AC 段和 CB 段的剪力方程和弯矩方程并不相同,要分段列出。

AC 段：

$$F_Q(x) = F_A - qx = \frac{5}{3}qa - qx, 0 < x \leq 2a \tag{a}$$

$$M(x) = F_A x - \frac{q}{2}x^2 = \frac{5}{3}qax - \frac{q}{2}x^2, 0 \leq x \leq 2a \tag{b}$$

CB 段：

$$F_Q(x) = -F_B = -\frac{1}{3}qa, 2a \leq x < 3a \tag{c}$$

$$M(x) = m + F_B(3a - x) = qa^2 + \frac{qa}{3}(3a - x), 2a \leq x < 3a \tag{d}$$

(3)作剪力图和弯矩图。

由式(a)、式(c)可知,AC 段的剪力图为斜直线,CB 段的剪力图为平行于 x 轴的直线,位于 x 轴的下侧。

在 $x = 0$ 处,$F_Q(0) = F_{QA右} = \dfrac{5qa}{3}$

在 $x = 2a$ 处,$F_Q(2a) = F_{QC} = -\dfrac{qa}{3}$

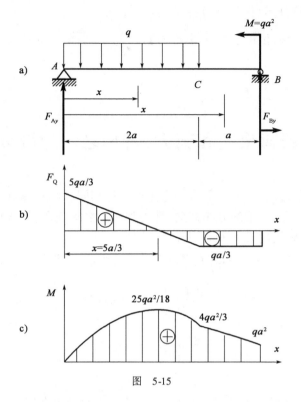

图 5-15

在 $x = 3a$ 处,$F_Q(3a) = F_{QB左} = -\dfrac{qa}{3}$

由此三点即可作出梁的剪力图,如图 5-15b)所示。

由式(b)可知,弯矩 $M(x)$ 为 x 的二次函数,即弯矩图为一条二次抛物线,至少需三个控制点才可确定大致形状。

AC 段:

在 $x = 0$ 处,$M(0) = M_A = 0$

在 $x = 2a$ 处,$M(2a) = M_C = \dfrac{4qa^2}{3}$

令剪力为零,即

$$\frac{5}{3}qa - qx = 0$$

得 $x = \dfrac{5}{3}a$,故弯矩的极值为

$$M_{\max} = M\left(\frac{5a}{3}\right) = \frac{25}{18}qa^2$$

依照此三点画出 AC 段弯矩图的轮廓图形。

由式(d)可知,CB 段的弯矩图为直线,分别由两控制点确定:

在 $x = 2a$ 处,$M(2a) = M_C = \dfrac{4qa^2}{3}$

在 $x = 3a$ 处,$M(3a) = qa^2$

由此作出梁的弯矩图,如图 5-15c)所示。

由内力图可知,剪力的极值出现在 A 截面,$|F_Q|_{max} = \dfrac{5qa}{3}$,弯矩的极值出现在 $x = \dfrac{5}{3}a$ 处, $|M|_{max} = \dfrac{25}{18}qa^2$。

5.4 载荷集度和剪力、弯矩之间的微分关系

在不同载荷作用下,梁各截面的剪力和弯矩也不尽相同,因而可能得到各种不同形状的剪力图和弯矩图。但事实上,在梁的分布载荷、剪力和弯矩之间存在着一定的关系。理解和掌握这个关系,将有助于正确绘制梁的剪力图和弯矩图。

由例 5-3 可知,当 $q(x)$ 向上为正时,$M(x)$、$F_Q(x)$ 和 $q(x)$ 之间存在如下导数关系:

$$\frac{dM(x)}{dx} = F_Q(x)$$

$$\frac{dF_Q(x)}{dx} = q(x)$$

在例 5-3 中,$\dfrac{dF_Q(x)}{dx} = -q(x)$,是因为均布载荷的方向是向下的。

这种导数关系在梁中是普遍存在的,现证明如下。

设梁受任意载荷作用如图 5-16a)所示,其中分布载荷的集度 $q(x)$ 是 x 的连续函数,并规定向上指向的 $q(x)$ 为正。现以梁的左端为坐标原点,x 轴向右为正,从梁上截取长为 dx 的一微段来分析[图 5-16b)]。作用在此微段上的分布载荷 $q(x)$ 可视为均匀分布,微段左右截面上的剪力和弯矩的方向均按正向假定作出,其受力如图 5-16b)所示。

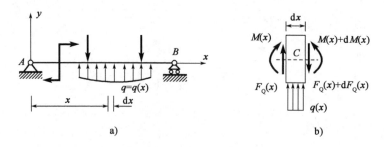

图 5-16

设在左侧截面上的剪力和弯矩分别为 $F_Q(x)$,$M(x)$;在右侧截面上的剪力和弯矩分别为 $F_Q(x) + dF_Q(x)$,$M(x) + dM(x)$;列出该微段的平衡方程:

$$\sum F_y = 0, F_Q(x) + q(x)dx - [F_Q(x) + dF_Q(x)] = 0 \quad (5\text{-}3a)$$

$$\sum M_C(F) = 0, -M(x) - F_Q(x)dx - q(x)dx \cdot \frac{dx}{2} + [M(x) + dM(x)] = 0 \quad (5\text{-}3b)$$

其中,点 C 为右侧截面的形心。

由式(5-3a)得

$$\frac{\mathrm{d}F_\mathrm{Q}(x)}{\mathrm{d}x} = q(x) \tag{5-4}$$

由式(5-3b)略去二阶微量得

$$\frac{\mathrm{d}M(x)}{\mathrm{d}x} = F_\mathrm{Q}(x) \tag{5-5}$$

再由式(5-4)和式(5-5)得

$$\frac{\mathrm{d}^2 M(x)}{\mathrm{d}x^2} = q(x) \tag{5-6}$$

以上三式就是 $M(x)$ 和 $F_\mathrm{Q}(x)$ 为连续函数时分布载荷 $q(x)$、剪力 $F_\mathrm{Q}(x)$ 和弯矩 $M(x)$ 之间的微分关系。式(5-4)和式(5-5)的几何意义为:剪力图上某点的斜率等于梁上相应截面处的载荷集度,弯矩图上某点的斜率等于梁上相应截面上的剪力。式(5-6)的几何意义为:弯矩图上某点处的凹凸方向是由梁上相应截面处的载荷集度的方向($q(x)$的正负符号)决定的。

根据上述载荷集度、剪力和弯矩之间的微分关系,并结合上述对分布载荷、剪力和弯矩的正负符号及坐标正向的规定,可将剪力图和弯矩图的一些规律归结如下。

(1)在无分布载荷作用的梁段[$q(x) = 0$],剪力图为一条与 x 轴平行的直线,弯矩图为倾斜直线。

(2)在有均布载荷作用的梁段[$q(x) = $ 常数],剪力图为一倾斜直线,弯矩图为二次抛物线。

(3)在集中力作用处,剪力图有突变(突变值等于该集中力之值),弯矩图的斜率有突变(即有尖角);在集中力偶作用处,剪力图无变化,但弯矩图有突变(突变值等于该力偶的力偶矩)。

(4)最大弯矩值可能发生在剪力为零的截面上(弯矩有极值),也可能发生在剪力改变符号的截面上或集中力偶作用的截面上(包括悬臂梁的固定端截面)。

利用上述载荷集度、剪力和弯矩的微分关系及规律可更简捷地绘制梁的剪力图和弯矩图,其作图步骤是:首先根据梁上外力情况将其分成若干段,并判断各段剪力图和弯矩图的大致形状,再直接求出若干控制截面上的 F_Q 值(也可不求 F_Q 值)和 M 值,即可逐段直接绘出梁的剪力图和弯矩图。下面举例说明。

例 5-7 外伸梁受力如图 5-17a)所示,试用微分关系,作出此梁的剪力图和弯矩图。

解:(1)求支座约束反力。
由梁的平衡条件得

$$F_{Ay} = 7.2\mathrm{kN}, F_{By} = 3.8\mathrm{kN}$$

(2)作剪力图。
将梁分为 CA、AD、DB 三段,用直接法求各控制截面处的剪力值。
CA 段:无载荷,F_Q 图为一水平直线

$$F_{QC右} = F_{QA左} = -F_P = -3\text{kN}$$

AD 段：有向下的均布载荷 $q = 2 > 0$，F_Q 图为斜向下的直线

$$F_{QA右} = -F_P + F_{Ay} = -3 + 7.2 = 4.2(\text{kN})$$

$$F_{QD} = -F_{By} = -3.8\text{kN}$$

DB 段：无载荷，F_Q 图为一水平直线

$$F_{QD} = F_{QB左} = -F_{By} = -3.8\text{kN}$$

由上述的分析和控制截面处的剪力值，即可作出梁的剪力图，如图5-17b)所示。

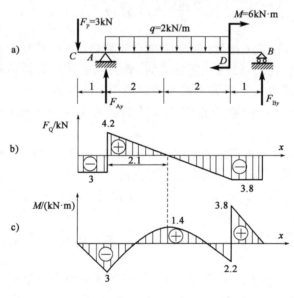

图 5-17 （尺寸单位：m）

(3) 作弯矩图。

将梁分为 CA、AD、DB 三段，用直接法求各控制截面处的弯矩值。

CA 段：无载荷，且 $F_Q < 0$，弯矩图为一斜向下的直线，两个控制截面 C、A 上的弯矩分别为

$$M_C = 0$$

$$M_A = -F_P \times 1 = -3 \times 1 = -3(\text{kN} \cdot \text{m})$$

A 处有集中力 F_{Ay}，故弯矩图在 A 处有尖角。

AD 段：有向下的均布载荷，弯矩图为开口向下的抛物线。在 $F_Q = 0$ 的截面上弯矩有极值。令 $F_{QE} = -F_P + F_{Ay} - qx = -3 + 7.2 - 2x = 0$，可得剪力为零的截面到 A 截面的距离为 $x = 2.1\text{m}$，则弯矩的极值为

$$M = -F_P \times (1 + 2.1) + F_{Ay} \times 2.1 - q \times 2.1 \times \frac{2.1}{2} = 1.4(\text{kN} \cdot \text{m})$$

抛物线起点和终点的弯矩值为

$$M_A = -3 \text{kN} \cdot \text{m}$$
$$M_{D\text{左}} = F_{By} \times 1 - M_C = 3.8 \times 1 - 6 = -2.2(\text{kN} \cdot \text{m})$$

DB 段：无载荷，且 $F_Q < 0$，弯矩图为一斜向下的直线，两个控制截面 $D_\text{右}$、B 上的弯矩分别为

$$M_{D\text{右}} = F_{By} \times 1 = 3.8 \times 1 = 3.8(\text{kN} \cdot \text{m})$$
$$M_B = 0$$

由上面的分析和各控制截面处的弯矩值，即可作出梁的弯矩图，如图 5-17c) 所示。

本章小结

本章主要研究了梁弯曲时内力的计算方法和内力图的绘制方法。

（1）梁在横向载荷作用下，横截面上的内力有剪力和弯矩，分别用 F_Q 和 M 表示。求剪力和弯矩的基本方法是截面法，即用一假想的截面将梁截为两段，以其中任一段为研究对象，利用平衡条件即可求得截面上的剪力和弯矩。

（2）内力的正负号是根据变形规定的：使梁产生顺时针转动的剪力规定为正，反之为负；使梁下部产生拉伸而上部产生压缩的弯矩规定为正，反之为负。

（3）画剪力、弯矩图的方法可以分为两种：根据剪力、弯矩方程作图；利用 q、F_Q、M 间的微分关系作图。无论采用哪种方法，其作图步骤均可以分为以下四步。

① 根据静力学平衡条件求支座的约束反力。

② 分段列方程或分段利用微分关系确定曲线形状。均布载荷的起点和终点、集中力（包括支座约束反力）和集中力偶作用处为分段处。

③ 求控制截面的内力，绘制剪力图和弯矩图。通常每段的两个端截面即为控制截面，当内力图为曲线时，内力取得极值的截面亦为控制截面。

④ 确定 $|F_Q|_{\max}$ 和 $|M|_{\max}$。

习题

5-1　什么是平面弯曲？平面弯曲梁的受力与变形特征是什么？

5-2　梁的支座有哪几种基本形式？梁上的载荷有哪几种基本形式？静定梁有哪几种基本形式？

5-3　试写出载荷集度、剪力与弯矩间微分关系的表达式，并说明各式的几何意义。

5-4　试用截面法计算题 5-4 图所示各梁截面 1—1、2—2、3—3 的剪力和弯矩，设 2—2、3—3 截面无限接近于载荷作用位置。

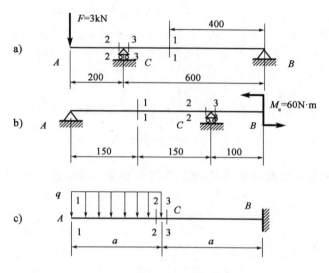

题 5-4 图 （尺寸单位：mm）

5-5 试写出题 5-5 图所示梁的内力方程，并画出剪力图和弯矩图。

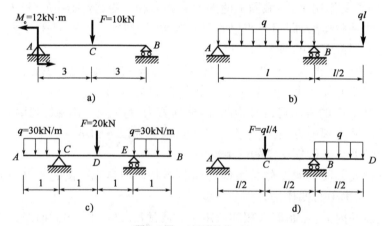

题 5-5 图 （尺寸单位：m）

5-6 根据载荷集度、剪力和弯矩间的微分关系作题 5-6 图所示各梁的剪力图和弯矩图。

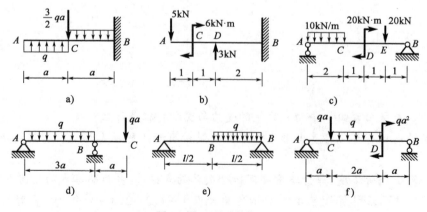

题 5-6 图 （尺寸单位：m）

5-7 根据载荷集度、剪力和弯矩间的微分关系,指出并更正题 5-7 图所示剪力图和弯矩图中的错误。

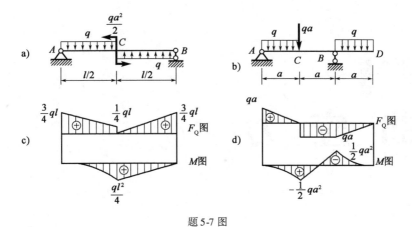

题 5-7 图

第 6 章　弯曲应力

6.1　梁横截面上的正应力

前面已讨论了梁的内力。在一般情况下,梁横截面上同时存在两种内力:剪力 F_Q 与弯矩 M。在横截面上任取微面积 dA,根据平衡关系判断,剪力 F_Q 只能由切于截面的微内力 τdA 构成,弯矩 M 只能由垂直于截面的微内力 σdA 构成。σ 和 τ 分别是弯曲时横截面上的正应力和切应力。因正应力只与弯矩有关,切应力只与剪力有关,故可分别进行研究。

在梁的弯曲问题中,横截面上同时存在剪力和弯矩的情况称为**横力弯曲**,如图 6-1 中梁的 AC 和 DB 段。特殊情况下,在梁的某段或整个长度上,各横截面的弯矩相同,而剪力为零,这种受力与变形状态称为**纯弯曲**,如图 6-1 中梁的 CD 段。

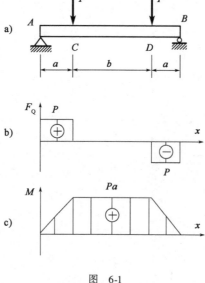

图　6-1

6.1.1 弯曲变形的基本假设

先考察如图 6-2 所示两端受集中力偶作用的矩形截面梁。由内力分析可知,它属于纯弯曲情况。为观察变形现象,在梁侧面画上纵向和横向直线。

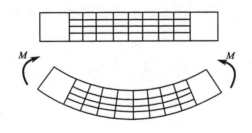

图 6-2

在梁的两端施加大小相等、转向相反的力偶 M 后,梁发生弯曲变形,观察变形后的现象可以发现:

(1) 横线仍保持为直线,并仍与变形后的轴线垂直,即横线间发生了相对转动;
(2) 纵线变为圆弧线,且凹侧纵线缩短,凸侧纵线伸长。

根据上述观察到的表面现象,可以作出如下假设。

(1) 变形后梁的横截面仍保持为平面,并仍与变形后的轴线垂直,即横截面间发生了相对转动。这就是弯曲变形的平面假设。

(2) 梁的纵向纤维只发生缩短或伸长变形,纤维之间不存在横向的相互牵拉或挤压作用。这就是弯曲变形时的单向受力假设。

平面假设和单向受力假设是弯曲正应力分析的基础。

6.1.2 梁横截面上的正应力

根据平面假设,弯曲变形时,在梁的凹侧与凸侧之间,必然存在一个由既不伸长也不缩短的纵向纤维组成的所谓中性层。梁的中性层与横截面的交线称为中性轴,如图 6-3 所示。变形时,横截面即绕中性轴发生转动。

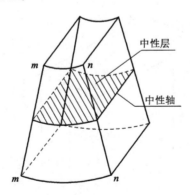

图 6-3

现在研究梁横截面上的正应力,仍需从变形几何关系、应变与应力间的物理关系以及静力学关系等三方面进行综合分析。

1. 变形几何关系

坐标系选取如图6-4a)所示，x 轴沿梁的轴线，向右为正；y 轴沿横截面的对称轴，向下为正；z 轴沿横截面中性轴。用相距 dx 的截面在梁内截取微段，用 $d\theta$ 表示变形后截面 1—1 与 2—2 相对转动的角度，ρ 表示变形后中性层的曲率半径，如图6-4b)所示。

因中性层处纤维的长度不变，故有 $\rho d\theta = dx$。则距中性层为 y 处的纵向纤维 ab 的线应变为

$$\varepsilon = \frac{(\rho + y)d\theta - dx}{\rho d\theta} = \frac{y}{\rho} \tag{6-1a}$$

这就是变形的几何关系表达式。式(6-1a)表明，横截面上任一点处的线应变 ε 与该点到中性轴的距离 y 呈正比。

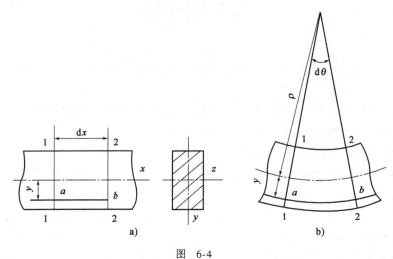

图 6-4

2. 物理关系

根据单向受力假设，由胡克定律 $\sigma = E\varepsilon$，得

$$\sigma = E\frac{y}{\rho} \tag{6-1b}$$

式中，E 为材料的弹性模量。式(6-1b)表明，横截面上任一点处的正应力 σ，与该点到中性轴的距离 y 呈正比。横截面上的正应力分布规律如图6-5所示。

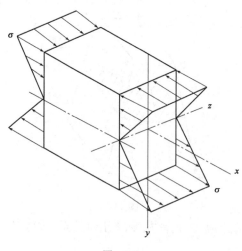

图 6-5

3. 静力学关系

在梁的横截面上取一微面积 dA,其上微内力为 σdA,如图 6-6 所示。截面上微内力的总和应满足全部静力学关系,具体如下。

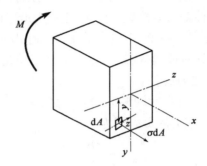

图 6-6

(1) 横截面上微内力沿 x 轴的合力为 0,即

$$\int_A \sigma dA = \frac{E}{\rho}\int_A y dA = 0 \tag{6-1c}$$

式中,$\int_A y dA = S_z$ 是横截面对 z 轴的静矩。因 $\frac{E}{\rho} \neq 0$,故必有

$$\int_A y dA = S_z = 0$$

即横截面对 z 轴的静矩等于零。也就是说,中性轴 z 必然通过横截面的形心。由此便确定了中性轴的位置。

(2) 横截面上微内力对 y 轴之矩的总和为 0,即

$$\int_A z\sigma dA = \frac{E}{\rho}\int_A yz dA = 0 \tag{6-1d}$$

式中,$\int_A yz dA = I_{yz}$ 是横截面对 y、z 轴的惯性积。因 $\frac{E}{\rho} \neq 0$,故必有

$$\int_A yz dA = I_{yz} = 0$$

即横截面对 y、z 轴的惯性积等于零。也就是说,y、z 轴应是截面的一对主惯性轴。在所讨论的问题中,y 轴是横截面的对称轴,这个条件自然满足。

(3) 横截面上微内力对 z 轴之矩的总和等于横截面的弯矩,即

$$\int_A y\sigma dA = \frac{E}{\rho}\int_A y^2 dA = \frac{E}{\rho}I_z = M \tag{6-1e}$$

式中,$\int_A y^2 dA = I_z$ 是横截面对 z 轴(中性轴)的惯性矩。故有

$$\frac{1}{\rho} = \frac{M}{EI_z} \tag{6-2}$$

式中,$\frac{1}{\rho}$ 为中性层的曲率;I_z 为横截面对中性轴的惯性矩[长度^4]。式(6-2)表明,中性层的曲率与弯矩 M 呈正比,与 EI_z 的乘积呈反比。EI_z 体现了梁抵抗弯曲变形的能力,称为梁的抗弯刚度。式(6-2)是研究弯曲变形所需的基本关系式(具体见第 7 章)。

将式(6-2)代入式(6-1b)，最终可得弯曲正应力的计算公式

$$\sigma = \frac{My}{I_z} \quad (6-3)$$

式(6-3)是梁弯曲时横截面上任意一点的正应力计算公式。此式表明：正应力与所在截面的弯矩 M 呈正比，与截面对中性轴的惯性矩呈反比，正应力沿截面高度成直线规律分布，离中性轴越远则正应力越大，中性轴上($y=0$)正应力等于零。在用式(6-3)计算正应力时，可不考虑式中 M 与 y 的正负号，均以绝对值代入，最后由梁的变形确定应力的正负号。凡纵向纤维伸长者为拉应力，符号为正，反之为负。

由式(6-3)可知，在横截面上离中性轴最远的各点处，正应力值为最大。令 y_{max} 表示该处到中性轴的距离，则横截面上正应力的最大值为

$$\sigma_{max} = \frac{My_{max}}{I_z}$$

令

$$W_z = \frac{I_z}{y_{max}}$$

则横截面上最大正应力为

$$\sigma_{max} = \frac{M}{W_z} \quad (6-4)$$

式中，W_z 是截面的几何性质之一，称为**抗弯截面模量**，其值与横截面的形状和尺寸有关，其量纲为[长度]^3。

如图 6-7a)所示，高为 h、宽为 b 的矩形截面对中性轴的惯性矩及其抗弯截面模量计算公式分别为

$$I_z = \frac{bh^3}{12} \quad (6-5)$$

$$W_z = \frac{I_z}{h/2} = \frac{bh^3/12}{h/2} = \frac{bh^2}{6} \quad (6-6)$$

如图 6-7b)所示，直径为 d 的圆形截面对中性轴的惯性矩及其抗弯截面模量计算公式分别为

$$I_z = \frac{\pi d^4}{64} \quad (6-7)$$

$$W_z = \frac{I_z}{d/2} = \frac{\pi d^4/64}{d/2} = \frac{\pi d^3}{32} \quad (6-8)$$

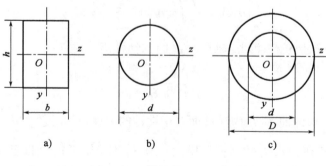

图 6-7

如图 6-7c)所示,对空心圆形截面,令 $\alpha = \dfrac{d}{D}$,称其为空心比,则截面对中性轴的惯性矩及其抗弯截面模量计算公式分别为

$$I_z = \frac{\pi D^4}{64}(1 - \alpha^4) \tag{6-9}$$

$$W_z = \frac{I_z}{y_{\max}} = \frac{\dfrac{\pi D^4}{64}(1 - \alpha^4)}{\dfrac{D}{2}} = \frac{\pi D^3}{32}(1 - \alpha^4) \tag{6-10}$$

这里有必要分析一下弯曲正应力计算公式的适用条件。

首先,式(6-3)成立的前提条件是平面假设。如果横截面上有剪力作用,则必然会产生切应变,变形后横截面将不再保持为平面,故从理论上说,式(6-3)不适用于横力弯曲情况。但精确的理论分析与实验研究表明,对工程中常见的横力弯曲梁,当梁的跨度大于梁的横截面高度5倍(即 $l > 5h$)时,式(6-3)的计算结果完全能够满足精度要求。

其次,在公式推导过程中,图 6-2~图 6-6 都是以矩形截面梁为例画出的,其实这只是为了方便,而非必要条件,因为这里并没有用到矩形的任何特性。因此,凡是符合平面弯曲条件的梁(即横截面具有一根对称轴,全部外力均作用在梁的纵向对称面内),都可用式(6-3)计算弯曲正应力。

最后,在公式推导中应用了胡克定律,故式(6-3)只在应力不超过材料比例极限的范围内适用。

6.2 梁横截面上的切应力

在梁横截面上存在剪力的情况下,相应地就有切应力产生。横截面上切应力的分布规律要比正应力复杂。横截面形状不同,切应力分布规律也不同。对形状简单的截面,可直接就切应力分布规律作出合理的假设,然后利用静力学关系建立相应的计算公式。而对形状复杂的截面,因作出关于切应力分布的合理假设是困难的,故需借助于弹性理论或实验比拟方法进行研究。不论哪种情况,最后结论都须经过工程实际的检验。

本节只介绍几种常用简单形状截面梁的弯曲切应力分布特点,并给出工程中实用的弯曲切应力计算公式。坐标系的选取与正应力分析时相同,即 x 轴沿梁的轴线,y 轴沿横截面的对称轴,z 轴沿横截面的中性轴。外力作用在梁的纵向对称平面内。

6.2.1 矩形截面

根据切应力互等定理可知,横截面上左右两边缘处的切应力沿着边缘,指向与剪力一致;上下两边缘处的切应力为零。根据对称性原理可知,铅直中线上的切应力沿着中线,指向与剪力一致。

横截面切应力分布的特点如下(图 6-8):

(1)切应力沿横截面宽度均匀分布,即距中性轴等远处各点的切应力相等;

(2)横截面上任一点切应力的方向与该截面剪力的方向一致。

横截面上距中性轴为 y 处的点,其弯曲切应力为

$$\tau = \frac{F_Q S_z^*}{I_z b} \tag{6-11}$$

式中: F_Q ——横截面上的剪力,由截面法确定;
S_z^* ——横截面上距中性轴为 y 处的横线以外部分[图 6-8a)中斜线部分]面积对中性轴 z 的静矩;
I_z ——整个横截面对中性轴 z 的惯性矩;
b ——横截面的宽度。

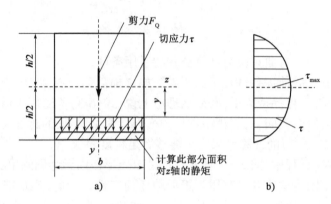

图 6-8

由图 6-8a),有

$$S_z^* = b\left(\frac{h}{2} - y\right)\left(y + \frac{\frac{h}{2} - y}{2}\right) = \frac{b}{2}\left(\frac{h^2}{4} - y^2\right) \tag{6-12}$$

由式(6-12)可知,沿截面高度 h,弯曲切应力的大小按抛物线规律变化[图 6-8b)]。在 $y = \pm\frac{h}{2}$,即上下边缘处,$S_z^* = 0$,故此处 $\tau = 0$。在 $y = 0$,即中性轴处,S_z^* 达到最大值,$S_{z\max}^* = \frac{bh^2}{8}$,故此处切应力最大,其值为

$$\tau_{\max} = \frac{F_Q \frac{bh^2}{8}}{\frac{bh^3}{12} b} = \frac{3F_Q}{2bh} \tag{6-13}$$

6.2.2 圆形截面

由切应力互等定理可知,圆形横截面边缘处的切应力一定沿着边缘的切线。由对称性原理可知,横截面 y 轴上的切应力一定沿着 y 轴;距中性轴的距离为 y 的横线上两个对称点的切应力也必定汇交于 y 轴上的一点;一般近似认为,该横线上所有点的切应力均汇交于同一点。

而在 $y = 0$(中性轴)的直径上,其左右边缘处以及中心点的切应力必定相互平行并指向下,由此可以假设中性轴上各点的切应力均沿 y 方向;同时,还可以假设沿宽度方向切应力的垂直分量均匀分布,如图 6-9a)所示。

在上述两点假设的基础上,可得圆截面中性轴上的切应力

$$\tau_{\max} = \frac{F_Q S_{z\max}^*}{I_z d} \tag{6-14}$$

式中,$S_{z\max}^*$ 为中性轴以下(或以上)的半圆面积[图 6-9b)]对中性轴之静矩;d 为圆的直径。

根据以上公式计算可得

$$\tau = \frac{16F_Q}{3\pi d^2} = \frac{4F_Q}{3A} \qquad (6-15)$$

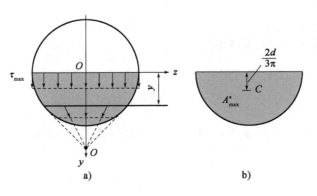

图 6-9

6.2.3 工字形截面

工字形截面由翼缘部分和腹板部分组成[图6-10a)]。翼缘上的切应力分布比较复杂,但因其数值很小,故一般不做计算。腹板部分为狭长矩形,其上切应力的分布特点与矩形截面相同,切应力的计算公式也相同,为

$$\tau = \frac{F_Q S_z^*}{I_z b} \qquad (6-16)$$

需要注意的是,式(6-16)中 S_z^* 应按图6-10a)中斜线部分面积计算,不要漏掉翼缘部分。I_z 是整个横截面对中性轴的惯性矩,而 b 是腹板部分的宽度。

沿腹板高度 h 切应力也按抛物线规律分布,如图6-10b)所示。

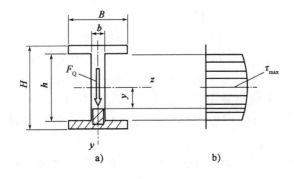

图 6-10

由于翼缘部分的作用,当 y 从 0 到 $\pm\frac{h}{2}$ 范围内变化时,S_z^* 的变化并不大,故切应力沿腹板高度近似于均匀分布。又因翼缘部分的切应力很小,横截面的剪力 F_Q 绝大部分分布在腹板上,故腹板的弯曲切应力近似等于

$$\tau = \frac{F_Q}{bh} \qquad (6-17)$$

6.3 梁的弯曲强度条件

6.3.1 弯曲正应力强度条件

横力弯曲时,梁横截面上弯曲正应力可按式(6-3)计算,即

$$\sigma = \frac{My}{I_z}$$

梁的最大弯曲正应力 σ_{max} 发生在弯矩 M_{max} 最大的截面上,并距中性轴最远处,其计算公式为

$$\sigma_{max} = \frac{M_{max}}{W_z}$$

因此,弯曲正应力强度条件的表达式为

$$\sigma_{max} = \frac{M_{max}}{W_z} \leq [\sigma] \tag{6-18}$$

式中:$[\sigma]$ ——材料的许用正应力。

在实际强度计算中,应注意以下几点。

(1)式(6-18)只能用于由塑性材料制成的、截面关于中性轴对称的梁,这是因为塑性材料的抗拉与抗压许用应力是相同的,而上下对称梁的最大拉应力与最大压应力绝对值也相等,所以上述强度计算并不区别抗拉强度和抗压强度。

(2)对于由塑性材料制成的、截面关于中性轴不对称的梁,其中的最大正应力 σ_{max} 是按式(6-3)得到的绝对值最大的正应力,不论是拉还是压。

(3)对于由脆性材料制成的、截面关于中性轴不对称的梁,由于其抗拉与抗压许用应力是不相同的,所以应分别进行拉、压强度计算,即

$$\sigma_{tmax} \leq [\sigma_t] \quad ([\sigma_t] \text{为许用拉应力})$$
$$\sigma_{cmax} \leq [\sigma_c] \quad ([\sigma_c] \text{为许用压应力})$$

(4)脆性材料的抗拉能力远低于抗压能力,所以一般来说,脆性材料不适于制成抗弯构件,即使在抗弯状态下,也不应当采用对称截面,而应该采用不对称等强度设计。

利用弯曲正应力强度条件,可以进行梁的强度校核、截面尺寸设计和确定许可载荷等计算。

例6-1 一圆形截面外伸梁,受力如图6-11a)所示。若材料的许用应力 $[\sigma] = 160\text{MPa}$,试设计圆截面直径 d。

解:(1)求约束反力

设约束反力 F_A、F_B 的作用方向如图6-11a)所示。由平衡方程

$$\begin{cases} \sum M_B(F) = 0 \\ \sum M_A(F) = 0 \end{cases}$$

分别解得

$$F_A = 45\text{kN}, F_B = -5\text{kN}$$

(2)作弯矩图,如图 6-11b)所示。
(3)选择截面尺寸。
因为

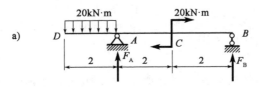

所以

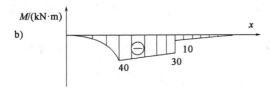

设计时取整,得 $d = 137\text{mm}$。

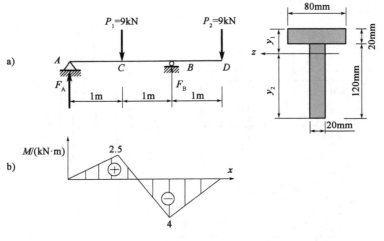

图 6-11 (尺寸单位:m)

例 6-2 T形截面铸铁梁的载荷和截面尺寸如图 6-12a)所示。铸铁的许用拉应力为 $[\sigma_t] = 30\text{MPa}$,许用压应力为 $[\sigma_c] = 160\text{MPa}$。已知截面对形心轴 z 的惯性矩为 $I_z = 763\text{cm}^4$,$y_1 = 52\text{mm}$。校核梁的强度。

图 6-12

解:(1)求约束反力。
设约束反力 F_A、F_B 的作用方向如图 6-12a)所示。由平衡方程
$$\begin{cases} \sum M_B(F) = 0 \\ \sum M_A(F) = 0 \end{cases}$$

分别解得
$$F_A = 2.5\text{kN}, F_B = 10.5\text{kN}$$

(2)作弯矩图,如图6-12b)所示。

(3)强度校核。

B 截面:

$$\sigma_{t\max} = \frac{M_B y_1}{I_z} = \frac{4 \times 10^3 \times 0.052}{763 \times 10^{-4}} \approx 27.2 \times 10^6 (\text{Pa}) = 27.2(\text{MPa}) < [\sigma_t]$$

$$\sigma_{c\max} = \frac{M_B y_2}{I_z} = \frac{4 \times 10^3 \times 0.088}{763 \times 10^{-4}} \approx 46.2 \times 10^6 (\text{Pa}) = 46.2(\text{MPa}) < [\sigma_c]$$

C 截面:

$$\sigma_{t\max} = \frac{M_C y_2}{I_z} = \frac{2.5 \times 10^3 \times 0.088}{763 \times 10^{-4}} \approx 28.8 \times 10^6 (\text{Pa}) = 28.8(\text{MPa}) < [\sigma_t]$$

所以该梁的强度合格。

例 6-3 一槽形截面铸铁梁如图6-13a)所示。已知,$I_z = 5493 \times 10^4 \text{mm}^4$,$b = 2\text{m}$,铸铁的许用拉应力 $[\sigma_t] = 30\text{MPa}$,许用压应力 $[\sigma_c] = 90\text{MPa}$。试求此梁的许可荷载 $[P]$。

解:(1)求约束反力。

设约束反力 F_A、F_B 的作用方向如图6-13a)所示。由平衡方程

$$\begin{cases} \sum M_B(F) = 0 \\ \sum M_A(F) = 0 \end{cases}$$

分别解得

$$F_A = \frac{P}{4}, F_B = \frac{7P}{4}$$

(2)作弯矩图,如图6-13b)所示。

(3)确定许可载荷。

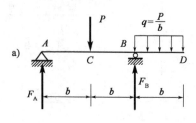

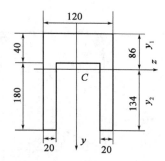

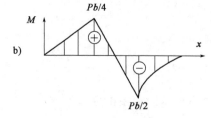

图6-13 (尺寸单位:mm)

C 截面：

由

$$\sigma_{tmax} = \frac{M_C y_2}{I_z} = \frac{\frac{2 \times P}{4} \times 0.134}{5493 \times 10^{-8}} \leq [\sigma_t] = 30 \times 10^6 \text{Pa}$$

解得

$$P \leq 24.6 \times 10^3 \text{N} = 24.6 \text{kN}$$

由

$$\sigma_{cmax} = \frac{M_C y_1}{I_z} = \frac{\frac{2 \times P}{4} \times 0.086}{5493 \times 10^{-8}} \leq [\sigma_c] = 90 \times 10^6 \text{Pa}$$

解得

$$P \leq 114.9 \times 10^3 \text{N} = 114.9 \text{kN}$$

B 截面：

由

$$\sigma_{tmax} = \frac{M_B y_1}{I_z} = \frac{\frac{2 \times P}{2} \times 0.086}{5493 \times 10^{-8}} \leq [\sigma_t] = 30 \times 10^6 \text{Pa}$$

解得

$$P \leq 19.2 \times 10^3 \text{N} = 19.2 \text{kN}$$

由

$$\sigma_{cmax} = \frac{M_B y_2}{I_z} = \frac{\frac{2 \times P}{2} \times 0.134}{5493 \times 10^{-8}} \leq [\sigma_c] = 90 \times 10^6 \text{Pa}$$

解得

$$P \leq 36.8 \times 10^3 \text{N} = 36.8 \text{kN}$$

综合以上数据，取其中较小者，得该梁的许可荷载为 $[P] = 19.2 \text{kN}$。

6.3.2 弯曲切应力强度条件

梁的最大弯曲切应力 τ_{max} 发生在剪力最大的截面上的中性轴处，这里的弯曲正应力为零。弯曲切应力强度条件的表达式为

$$\tau_{max} \leq [\tau] \tag{6-19}$$

即

$$\frac{F_{Qmax} S_{zmax}^*}{I_z b} \leq [\tau] \tag{6-20}$$

式中：$[\tau]$——材料的许用切应力。

利用弯曲切应力强度条件，可以进行梁的强度校核、截面尺寸设计和确定许可载荷等计算。

对于跨度远大于横截面高度的普通非薄壁截面梁来说，与最大弯曲正应力 σ_{max} 相比，截面上最大弯曲切应力 τ_{max} 的值一般并不大，通常可只进行弯曲正应力的强度校核。需要对切

应力进行强度校核的情况主要有以下几种：

(1) 梁的跨度较短或在支座附近作用有较大的集中力时，要校核切应力；

(2) 铆接或焊接的工字形截面梁，其腹板的厚度与高度比小于型钢的相应比值时，要校核切应力；

(3) 焊接、铆接或胶合的组合梁，对焊缝、铆钉或胶合面，一般要进行剪切计算。

例 6-4 如图 6-14a) 所示为矩形截面钢梁，$F = 10\text{kN}, q = 5\text{kN/m}, a = 1\text{m}$。材料许用正应力 $[\sigma] = 160\text{MPa}$，许用切应力 $[\tau] = 80\text{MPa}$。若梁横截面的高宽比 $\dfrac{h}{b} = 2$，试按强度条件设计梁的横截面尺寸。

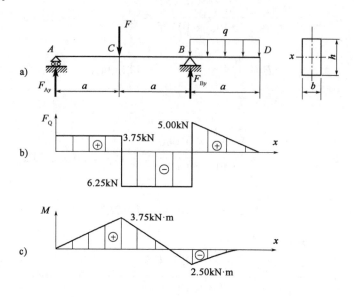

图 6-14

解：(1) 计算梁的约束反力。

设约束反力 F_{Ay}、F_{By} 的作用方向如图 6-14a) 所示。由梁的平衡条件可分别解得
$$F_{Ay} = 3.75\text{kN}, F_{By} = 11.25\text{kN}$$

(2) 作梁的剪力图与弯矩图。

图 6-14b)、c) 分别为梁的剪力图与弯矩图。由剪力图看出，截面 C_+ 至截面 B_- 均为剪力的危险截面，最大剪力为
$$F_Q = 6.25\text{kN}$$

由弯矩图看出，截面 C 为弯矩的危险截面，最大弯矩为
$$M_{max} = 3.75\text{kN} \cdot \text{m}$$

(3) 根据弯曲正应力强度条件设计截面尺寸。

因为
$$\sigma_{max} = \frac{M_{max}}{W_z} \leq [\sigma]$$

所以
$$W_z \geq \frac{M_{max}}{[\sigma]}$$

梁横截面的 $W_z = \dfrac{bh^2}{6} = \dfrac{b(2b)^2}{6} = \dfrac{2}{3}b^3$，代入上式可得

$$b^3 \geqslant \dfrac{M_{\max}}{[\sigma]} = \dfrac{3}{2} \times \dfrac{37.5 \times 10^6}{160} = 35.16 \times 10^{-6}(\text{m}^3) = 35.16 \times 10^3(\text{mm}^3)$$

即
$$b \geqslant 32.76\text{mm}, h = 2b \geqslant 65.52\text{mm}$$

设计时取整数，得 $b = 33\text{mm}, h = 66\text{mm}$。

(4)根据弯曲切应力强度条件进行校核。

中性轴处的弯曲切应力最大，其值为

$$\tau_{\max} = \dfrac{3}{2}\dfrac{F_s}{bh} = \dfrac{3 \times 6.25 \times 10^3}{2 \times 0.033 \times 0.066} \approx 4.3 \times 10^6(\text{Pa}) = 4.3(\text{MPa})$$

可见，梁的最大弯曲切应力 $\tau_{\max}$ 远小于材料的许用切应力 $[\tau] = 80\text{MPa}$，强度满足要求。

6.4 梁的合理设计

由弯曲强度条件分析可知，弯曲正应力强度条件常常是控制梁强度的主要因素。

根据弯曲正应力强度条件

$$\sigma_{\max} = \dfrac{M_{\max}}{W_z} \leqslant [\sigma] \tag{6-20}$$

可知，梁的弯曲正应力强度与下面 3 个因素有关：

(1)材料的许用应力 $[\sigma]$；

(2)抗弯截面模量 W_z，即横截面的形状和尺寸；

(3)外载荷引起的弯矩 M。

要增大梁的许用应力 $[\sigma]$，通常是将普通材料换成优质材料，将导致成本增加。在不增加成本的前提下，可通过分析(2)、(3)这两个因素来寻找提高梁强度的措施。

6.4.1 合理选取截面形状

从式(6-20)可知，当弯矩确定时，梁的抗弯截面模量 W_z 越大，横截面上承受的正应力就越小。增大梁的截面面积就能使抗弯截面系数 W_z 增加，但这样会造成材料的浪费，从经济角度看是不可取的。合理的截面设计，就是要用同样多的材料来获得最大的抗弯截面系数 W_z，即 $\dfrac{W_z}{A}$ 越大越好。由于横截面上各点的正应力正比于各点至中性轴的距离，当截面上下边缘各点的应力达到许用应力时，靠近中性轴处的各点的正应力仍很小，此处的材料未能得到充分利用。因此，中性轴附近面积较大的截面显然是不合理的，圆形截面就属于这类截面。在同样的面积下，环形截面的 W_z 比圆形截面的就要大得多。同样的道理，同一矩形截面梁，竖放就比平放要合理，因为矩形截面梁平放时 $\dfrac{W_z}{A} = \dfrac{hb^2/6}{bh} = 0.167b$，而竖放时 $\dfrac{W_z}{A} = 0.167h$，因此，竖放比平放合理。而同样面积的工字形、槽形截面又比竖放的矩形截面更为合理。也就是说，为了提

高材料的利用率,增强梁的承载能力,应该尽量将靠近中性轴的部分材料移到远离中性轴的边缘。工字钢、槽钢等宽翼缘梁就是在弯曲理论指导下设计出来的合理截面形状。

综上所述,考虑各种截面形状是否合理,主要是看 W_z/A 的比值。该比值越大,材料的使用越经济,截面也就越合理。表 6-1 给出了几种常用截面形式的 W_z/A 比值。

常用截面的 W_z/A 比值 　　　　　　　　　　表 6-1

截面形式	矩形	圆形	工字形	槽形
W_z/A	$0.167h$	$0.125d$	$0.29 \sim 0.31h$	$0.27 \sim 0.31h$

从表 6-1 中可以看出,对于矩形截面,保持面积不变,增大梁高 h 而减小梁宽 b 可以增大其 W_z/A 的值,从而增加其经济合理性。但必须注意的是,梁的高度增加是有限度的,当矩形截面过高时,抵抗横向力的能力减弱,容易引起梁失稳。

在选择梁截面的合理形状时,除了考虑横截面上的应力分布外,还必须考虑材料的力学性能、梁的使用条件以及制造工艺等方面的问题。比如,考虑到在梁横截面上距中性轴最远的上下边缘各点处分别有最大拉应力和最大压应力,为充分发挥材料的潜力,应尽量使两者同时达到材料的许用应力。因此,对于拉伸和压缩许用应力值相同的塑性材料(如建筑钢)梁,应采用中性轴为其对称轴的截面形式,如工字形、矩形、薄壁箱形、圆形和环形等;而对于抗压强度远高于抗拉强度的脆性材料(如铸铁)梁,则宜采用 T 字形、不等边工字形等关于中性轴不对称的截面形式,并将其翼缘部分置于受拉一侧。再比如,对于木梁,虽然材料的拉、压强度不同,但由于制造工艺的要求,仍多采用矩形截面,截面的高宽比也有一定的要求。我国北宋时期的李诫于公元 1100 年所著的《营造法式》一书中就指出矩形木梁的合理高宽比为 $h/b = 1.5$。

6.4.2　合理布置梁的载荷和支座

在工艺要求许可的条件下,通过合理地配置梁的载荷和设置支座位置,可有效降低梁内的最大弯矩值。

1. 合理布置载荷

如图 6-15a)所示的简支梁,当其在跨中点受到集中力 F 作用时,梁内产生的最大弯矩为 $M_{max} = Fl/4$;如果使集中力通过辅助梁再作用到梁上,如图 6-15b)所示,则梁内的最大弯矩就下降为原来的一半。这就是通过合理分散集中载荷来降低最大弯矩值的方法。

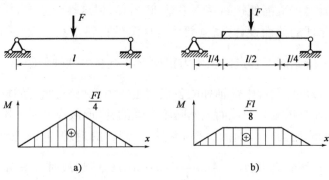

图 6-15

2. 合理布置支座

同样，通过合理调整支座间距，也能降低最大弯矩值。如图 6-16a) 所示的在均布荷载作用下的简支梁，梁内的最大弯矩为 $M_{max} = ql^2/8$。如果将简支梁两端的支座分别向中间移动 $0.2l$，如图 6-16b) 所示，则梁内的最大弯矩就下降为 $M_{max} = \dfrac{ql^2}{40}$，仅为原来的 20%。在工厂、矿山中常见的龙门吊车（图 6-17）的立柱位置不在两端，就是为了降低横梁中的最大弯矩值。

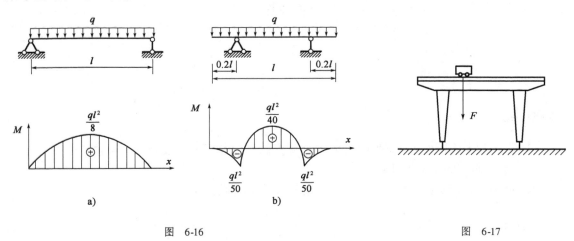

图 6-16　　　　　　　　　　　图 6-17

6.4.3　合理设计梁的外形

对于等直梁，按照式(6-20)确定截面尺寸时，是以最大弯矩为依据的。而在实际工程中，梁的弯矩沿梁的长度方向会发生变化，也就是说，当最大弯矩所在横截面上的最大正应力达到材料的许用应力时，其余各横截面上的最大正应力都还小于材料的许用应力，使材料得不到充分利用。为了克服这一不足，可对弯矩较大的梁段进行局部加强，将梁设计为变截面梁，使梁的横截面尺寸大致上适应弯矩沿梁长度方向的变化，以达到节约材料、减轻自重的目的。假若使梁各横截面上的最大正应力都相等，并均达到材料的许用应力，即 $\sigma_{max} = M(x)/W_z(x) = [\sigma]$，则这样的变截面梁通常称为等强度梁。其抗弯截面系数 W_z 的变化规律是 $W_z(x) = M(x)/[\sigma]$。理论上讲，梁的外形应设计为抛物线形，如图 6-18 所示。

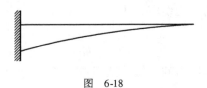

图 6-18

等强度梁是一种理想的变截面梁。在实际工程中，考虑到制造工艺方面的限制以及构造要求，常用阶梯状的变截面梁代替理论上的等强度梁。例如车辆上起承重和减振作用的叠板弹簧（图 6-19），实质上就是一种高度不变、宽度变化的矩形截面简支梁沿宽度切割下来，然后叠合起来制成的近似等强度梁。

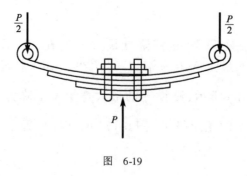

图 6-19

本章小结

本章主要研究了梁弯曲变形时的应力计算方法以及相应的强度条件。具体如下。
(1) 梁弯曲时的正应力计算公式

梁在纯弯曲情形下横截面上任一点处的正应力计算公式为

$$\sigma = \frac{My}{I_z}$$

上式由纯弯曲条件导出,可推广应用于横力弯曲情形下。梁的弯曲正应力沿截面高度呈线性分布,在中性轴处正应力为零,在截面上、下边缘处正应力达到最大值。正应力的正、负符号通常根据弯曲变形的情况直观判断。

(2) 梁弯曲时的切应力计算公式

几种常用截面梁上的最大切应力计算公式如下。

① 矩形截面梁:

$$\tau_{max} = \frac{3F_Q}{2bh}$$

② 圆形截面梁:

$$\tau_{max} = \frac{4F_Q}{3A}$$

③ 工字形截面梁腹板上的平均切应力为:

$$\tau_{max} = \frac{F_Q}{bh}$$

④ 等直梁横截面上最大切应力的一般公式可统一表示为:

$$\tau_{max} = \frac{F_{Qmax} S^*_{zmax}}{I_z b}$$

梁的最大切应力发生在中性轴上各点处,而截面上下边缘处的切应力为零。

(3) 梁的强度条件

① 正应力强度条件。

$$\sigma_{\max} = \frac{M_{\max}}{W_z} \leqslant [\sigma]$$

上式只适用于由塑性材料制成的、截面关于中性轴对称的梁;如梁是由脆性材料制成的,截面关于中性轴不对称,则应分别考虑其拉、压强度。

②切应力强度条件。

$$\frac{F_{Q\max} S_{z\max}^*}{I_z b} \leqslant [\tau]$$

对于细长梁,其强度主要是由正应力控制的,切应力对强度的影响可以忽略不计,按照正应力强度条件设计的梁,除了在少数特殊情况下外,一般都能满足切应力强度要求,不需要进行专门的切应力强度校核。

(4)梁的合理强度设计

通过合理的强度设计,可以有效地提高梁的抗弯强度。在实际工程中,经常采用的合理设计方法包括以下几种。

①合理选择截面形状。主要是看 W_z/A 的比值。比值越大,材料的使用越经济,截面也就越合理。

②合理配置和设置梁的载荷和支座,可有效降低梁内的最大弯矩值。

③采用变截面梁。通过使用等强度梁,可以节约材料、减轻自重。

习题

6-1 如题 6-1 图所示,圆截面木料的直径为 d,要从中切取一矩形截面梁。试问:如要使所切矩形梁的抗弯强度最高,h 和 b 分别应为何值?

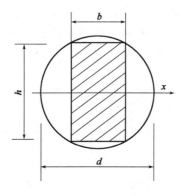

题 6-1 图

6-2 如题 6-2 图所示为矩形截面悬臂梁,试计算截面 1—1、2—2 上 A、B、C、D 四点处的弯曲正应力。其中截面 1—1 无限趋近于固定端约束处。

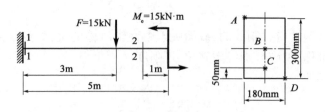

题 6-2 图

6-3 如题 6-3 图所示的圆截面悬臂梁 AB，材料许用应力 $[\sigma]=160\mathrm{MPa}$。试按强度条件设计横截面的直径 d。

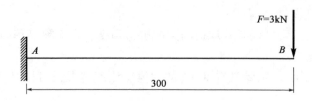

题 6-3 图 （尺寸单位：mm）

6-4 如题 6-4 图所示，外伸梁的许用正应力 $[\sigma]=160\mathrm{MPa}$，许用切应力 $[\tau]=100\mathrm{MPa}$，试选择工字钢的型号。

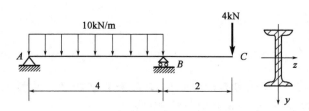

题 6-4 图 （尺寸单位：m）

6-5 如题 6-5 图所示，简支梁由 18 号工字钢制成，在外载荷作用下，测得 D 截面下边缘处的纵向线应变为 $\varepsilon=3\times10^{-4}$。已知钢的弹性模量为 $E=200\mathrm{GPa}$，$a=1\mathrm{m}$，试求梁上的最大正应力。

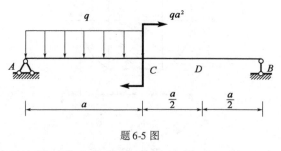

题 6-5 图

6-6 如题 6-6 图所示为槽形截面悬臂梁，载荷 $P=10\mathrm{kN}$，$m=70\mathrm{kN\cdot m}$，材料的许用拉应力 $[\sigma_t]=35\mathrm{MPa}$，许用压应力 $[\sigma_c]=120\mathrm{MPa}$。截面对形心轴 z 的惯性矩 $I_z=100\times10^6\mathrm{mm}^4$，$y_C=100\mathrm{mm}$。试校核梁的强度。

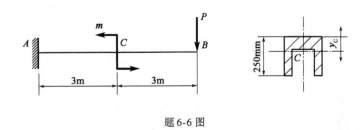

题 6-6 图

6-7 如题 6-7 图所示，由两根 28a 号槽钢组成的简支梁受三个集中力作用。已知该梁由 Q235 钢制成，其许用正应力 $[\sigma] = 170\text{MPa}$。试求梁的许可荷载 $[F]$。

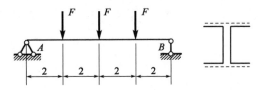

题 6-7 图 （尺寸单位：m）

6-8 如题 6-8 图所示矩形截面简支梁，于中间截面处受一集中力 F 作用，试计算梁内最大切应力与最大正应力的比值。

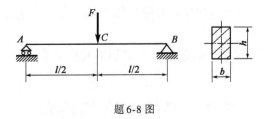

题 6-8 图

第7章 弯曲变形

梁在载荷作用下,既产生应力同时也发生变形。工程上对一些梁不仅要求具有足够的强度,而且要求它的变形不能过大,即具有足够的刚度,否则会影响正常使用。例如,桥梁的变形过大,车辆通过时将会引起很大的振动;楼板梁变形过大,会使下面的抹灰层开裂、脱落;齿轮变速箱传动轴的弯曲变形过大,会引起轴颈与轴承的磨损,从而使齿轮啮合状况变坏;车床主轴的弯曲变形过大,会影响工件的加工精度等。为解决这些问题,必须研究梁的变形。

此外,在计算静不定梁问题时,需根据弯曲变形的几何关系建立补充方程,才能求解。

7.1 梁的挠度与转角

由第 5 章的介绍可知,当载荷作用在梁的纵向对称面内时,梁会发生平面弯曲,其轴线在梁弯曲后变成一连续光滑的曲线,通常称为挠度曲线,简称挠曲线,如图 7-1 所示。

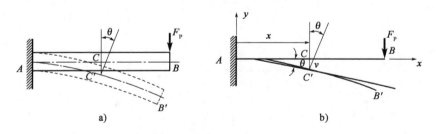

图 7-1

梁的整体变形用横截面的两个位移来度量:
(1) **挠度** v:横截面形心在垂直于轴线方向的位移。
(2) **转角** θ:横截面绕其中性轴转过的角度。

在小变形情况下,梁的挠度 v 远小于跨长,挠曲线是一条平坦光滑的曲线,转角 θ 很小。

在图 7-1b)中选定坐标系后,挠曲线可用
$$v = y = f(x) \tag{7-1}$$
表示,称其为挠曲线方程。

从图 7-1b)中可以看出,θ 的大小等于挠曲线上 C' 点的切线与 x 轴的夹角,则 $\tan\theta$ 是挠曲线在 C' 点处的切线斜率,即 $\tan\theta = \dfrac{dy}{dx} = y'$。

因为小变形时 θ 很小,所以 $\tan\theta \approx \theta$,于是可得挠度与转角之间存在如下关系:
$$\theta = y' = f'(x) \tag{7-2}$$
因此,只要建立梁的挠曲线方程 $v = f(x)$,就可求出梁上任一截面的挠度 v 和转角 θ。

在材料力学中对挠度和转角的符号作出如下规定:在图 7-1b)所示的坐标系中,挠度向上为正,反之为负;转角逆时针转为正,反之为负。

7.2 梁的挠曲线近似微分方程

梁发生平面弯曲后,其轴线由直线变为一条光滑、平坦的曲线(挠曲线),它的曲率为 $1/\rho$,在 5.1 节中曾得到梁在纯弯曲时挠曲线的曲率与弯矩及梁的抗弯刚度之间的物理关系式:
$$\frac{1}{\rho} = \frac{M}{EI} \tag{7-3a}$$

在横力弯曲时,挠曲线的曲率是坐标 x 的函数,它不仅与弯矩 $M(x)$ 有关,还与剪力 $F_Q(x)$ 有关。但进一步的理论研究表明,对工程上常用的梁,其跨度远大于横截面的高度,剪力对梁的变形影响很小,可略去不计。因此式(7-3a)也适用于横力弯曲情况,此时式(7-3a)应改写为
$$\frac{1}{\rho(x)} = \frac{M(x)}{EI} \tag{7-3b}$$

另一方面,由高等数学知识可知,梁挠曲线上任一点的曲率 $1/\rho(x)$ 又可表示为
$$\frac{1}{\rho(x)} = \pm \frac{\dfrac{d^2y}{dx^2}}{\left[1 + \left(\dfrac{dy}{dx}\right)^2\right]^{3/2}} \tag{7-3c}$$

将式(7-3c)代入式(7-3b),得
$$\pm \frac{\dfrac{d^2y}{dx^2}}{\left[1 + \left(\dfrac{dy}{dx}\right)^2\right]^{3/2}} = \frac{M(x)}{EI} \tag{7-3d}$$

这就是挠曲线的微分方程,是一个较复杂的二阶非线性常微分方程,不方便实际应用。但是,工程实践中所用的梁属小变形,梁的挠曲线很平缓,转角 $\theta = dy/dx$ 是一个很小的量,故 $(dy/dx)^2 \ll 1$,于是式(7-3d)可简化为
$$\pm \frac{d^2y}{dx^2} = \frac{M(x)}{EI} \tag{7-3e}$$

注意,式(7-3d)或式(7-3e)中有"+"与"-"两个符号,须根据坐标轴的正方向及弯矩正负符号的规定,确定性地选用其中一个。若坐标轴方向按图7-1所示选取,当弯矩 $M(x)$ 为正时,梁下侧受拉,即挠曲线向下凸,$\dfrac{d^2 y}{dx^2}$ 为正;当弯矩 $M(x)$ 为负时,梁上侧受拉,即挠曲线向上凸,$\dfrac{d^2 y}{dx^2}$ 为负,如图7-2所示。可见,为了使等式成立,式(7-3e)中应取正号,即

$$\frac{d^2 y}{dx^2} = \frac{M(x)}{EI} \tag{7-4}$$

此即为梁的挠曲线近似微分方程。

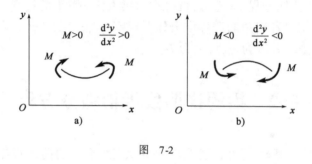

图 7-2

7.3 积分法求梁的变形

梁的挠曲线近似微分方程是在线弹性、小变形情况下研究梁弯曲变形的基本方程。对式(7-4)进行积分,积分一次和二次并利用约束条件确定积分常数后,即可求得梁的挠曲线方程和转角方程,并可进一步求出梁上任意截面的挠度和转角,此法称为积分法。

将挠曲线近似微分方程(7-4)两边各乘以 dx,积分,即可得梁的转角方程

$$\theta = \frac{dy}{dx} = \int \frac{M(x)}{EI} dx + C \tag{7-5}$$

将式(7-5)两边各乘以 dx,再积分,即可得挠曲线方程

$$y = \int \left[\int \frac{M(x)}{EI} dx \right] dx + Cx + D \tag{7-6}$$

式中,C 与 D 是两次积分中出现的积分常数,其值可根据梁在某些截面处的已知位移来确定。这样的已知条件称为梁的边界条件。边界条件通常是梁的支座约束对位移施加的限制条件。例如,图7-3a)所示简支梁,在两个支座处,梁的挠度均须为零,边界条件表达式为

在 $x = 0$ 处, $y = 0$;
在 $x = l$ 处, $y = 0$ 。

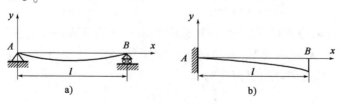

图 7-3

又如,图 7-3b)所示悬臂梁,在固定端处,梁的挠度和转角均须为零,边界条件表达式为:

在 $x = 0$ 处, $y = 0$;

在 $x = 0$ 处, $\theta = \dfrac{\mathrm{d}y}{\mathrm{d}x} = 0$。

用积分法计算梁的变形时,式(7-5)和式(7-6)的积分应遍及全梁。若弯矩方程 $M(x)$ 或抗弯刚度 EI 在梁的各段有所不同,则积分也要相应地分段进行。这时,会有更多的积分常数出现,确定这些积分常数,除需利用梁的支座约束条件外,还应考虑分段交界截面处的位移连续条件。

位移连续条件是指,梁的挠曲线是一条连续光滑曲线,或者说,挠度和转角都是连续的。在挠曲线上任意点处,挠度和转角分别有唯一确定的值。即,在积分分段交界处,通过左右两段弯矩方程积分计算得出的挠度和转角,应分别相等。

例7-1 如图 7-4 所示,一抗弯刚度为 EI 的简支梁,在全梁上受集度为 q 的均布载荷作用。试求梁的挠曲线方程和转角方程,并确定其最大挠度 $y_{\max}$ 和最大转角 $\theta_{\max}$。

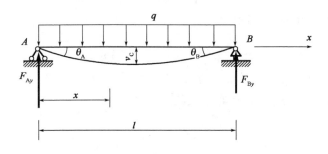

图 7-4

解:求约束反力,有

$$F_{Ay} = F_{By} = \frac{1}{2}ql$$

选取坐标系,如图 7-4 所示。弯矩方程为

$$M(x) = \frac{1}{2}qlx - \frac{1}{2}qx^2$$

挠曲线近似微分方程为

$$EIy'' = M(x) = -\frac{1}{2}qx^2 + \frac{1}{2}qlx$$

通过两次积分,可得

$$EI\theta = EIy' = -\frac{1}{6}qx^3 + \frac{1}{4}qlx^2 + C \tag{a}$$

$$EIy = -\frac{1}{24}qx^4 + \frac{1}{12}qlx^3 + Cx + D \tag{b}$$

边界条件为:梁左、右两端铰支座处的挠度都等于零,即

在 $x = 0$ 处, $y_A = 0$;

在 $x = l$ 处, $y_B = 0$。

将 $x = 0, y_A = 0$ 代入式(7-3b),解得

$$D = 0$$

再将 $x = l, y_B = 0$ 代入式(7-3b),解得

$$C = -\frac{1}{24}ql^3$$

则求得梁的转角方程和挠曲线方程分别为

$$\theta = -\frac{q}{24EI}(4x^3 - 6lx^2 + l^3)$$

$$y = -\frac{qx}{24EI}(x^3 - 2lx^2 + l^3)$$

由于梁各截面上的弯矩均为正值,且梁上外力与边界条件对于梁跨中点都是对称的,因此,梁的挠曲线应为对称于跨中点的下凹曲线。由图可见,最大转角发生在两端支座处,其值为

$$\theta_{max} = \begin{cases} \theta_A = \theta|_{x=0} \\ \theta_B = \theta|_{x=l} \end{cases} = \mp\frac{ql^3}{24EI}$$

最大挠度发生在跨中点处,其值为

$$v_{max} = y_C = y|_{x=\frac{l}{2}} = -\frac{5ql^4}{384EI}$$

例7-2 如图7-5所示,一抗弯刚度为 EI 的简支梁,在 D 点处受一集中力 P 的作用。试求此梁的挠曲线方程和转角方程,并求其最大挠度和最大转角。

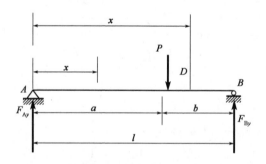

图 7-5

解:求约束反力,有

$$F_{Ay} = P\frac{b}{l}, F_{By} = P\frac{a}{l}$$

选取坐标系如图7-5所示。两段弯矩方程分别为

AD 段:

$$M(x) = F_{Ay}x = P\frac{b}{l}x, 0 \leq x \leq a$$

DB 段:

$$M(x) = P\frac{b}{l}x - P(x-a), a \leq x \leq l$$

代入挠曲线近似微分方程并积分,可得梁的转角和挠曲线方程分别为

AD 段:

$$EIy_1'' = P\frac{b}{l}x$$

$$EI\theta_1 = EIy_1' = P\frac{b}{l}\cdot\frac{x^2}{2} + C_1$$

$$EIy_1 = P\frac{b}{l}\cdot\frac{x^3}{6} + C_1x + D_1$$

DB 段：

$$EIy_2'' = P\frac{b}{l}x - P(x-a)$$

$$EI\theta_2 = EIy_2' = P\frac{b}{l}\cdot\frac{x^2}{2} - \frac{P(x-a)^2}{2} + C_2$$

$$EIy_2 = P\frac{b}{l}\cdot\frac{x^3}{6} - \frac{P(x-a)^3}{6} + C_2x + D_2$$

连续条件：

在 $x = a$ 处，$y_1 = y_2$，$y_1' = y_2'$

边界条件：

在 $x = 0$ 处，$y_1 = 0$；

在 $x = l$ 处，$y_2 = 0$。

将上述条件代入相应方程可解得

$$C_1 = C_2 = \frac{Pb}{6l}(b^2 - l^2), D_1 = D_2 = 0$$

将积分常数代回原方程，则梁两段的转角方程和挠曲线方程分别为

AD 段 $(0 \leqslant x \leqslant a)$：

$$\theta_1 = y_1' = \frac{Pb}{6lEI}(3x^2 + b^2 - l^2)$$

$$y_1 = \frac{Pbx}{6lEI}[x^2 - (b^2 - l^2)x]$$

DB 段 $(a \leqslant x \leqslant l)$：

$$\theta_2 = y_2' = \frac{Pb}{2lEI}\left[-\frac{l}{b}(x-a)^2 + x^2 - \frac{1}{3}(l^2 - b^2)\right]$$

$$y_2 = \frac{Pb}{6lEI}\left[-\frac{l}{b}(x-a)^3 + x^3 - (l^2 - b^2)x\right]$$

将 $x = 0$ 和 $x = l$ 分别代入转角方程左右两支座处截面的转角，得

$$\theta_A = \theta|_{x=0} = -\frac{Pab(l+b)}{6lEI}, \theta_B = \theta|_{x=l} = \frac{Pab(l+a)}{6lEI}$$

当 $a > b$ 时，右支座处截面的转角绝对值为最大：

$$\theta_{\max} = \theta_B = \frac{Pab(l+a)}{6lEI}$$

简支梁的最大挠度应在 $y' = 0$ 处。先研究第一段梁，令 $y_1' = 0$，即

$$y_1' = \frac{Pb}{6lEI}(3x^2 + b^2 - l^2) = 0$$

可得

$$x_1 = \sqrt{\frac{l^2 - b^2}{3}} = \sqrt{\frac{a(a+2b)}{3}}$$

当 $a > b$ 时，$x_1 < a$，最大挠度在第一段梁中，其值为

$$v_{\max} = y\big|_{x=x_1} = -\frac{Pb}{9\sqrt{3}\,lEI}\sqrt{(l^2-b^2)^3} \approx -0.0642\frac{Pbl^2}{EI}$$

梁跨中点 C 处的挠度为

$$v_C = -\frac{Pb}{48EI}(3l^2 - 4b^2) \approx -0.0625\frac{Pbl^2}{EI}$$

结论：对于简支梁来说，不论它受什么载荷作用，只要挠曲线上无拐点，其最大挠度值都可用梁跨中点处的挠度值来代替，其精确度是能满足工程要求的。

7.4 叠加法求梁的变形

在计算梁的位移时，已知在小变形情况下，梁变形后，其跨长的改变可忽略不计，且梁的材料又是在线弹性范围内工作的，所以载荷与挠度及转角保持线性关系，每个载荷引起的变形都与其他同时作用的载荷无关，这称为力的**独立作用原理**。因此，梁在几种载荷共同作用下的变形，可以通过用每项载荷单独作用时产生变形的代数和来计算，也就是说，可以利用叠加原理来计算弯曲变形。在几个载荷同时作用下，梁的某一截面发生的挠度或转角，将等于各个载荷分别单独作用时，同一截面发生的挠度或转角的代数和。

如果有简单载荷作用下梁的变形计算结果可以利用，则叠加法是一种简便、快捷的方法。不过，与积分法相比，它只是一种辅助方法。下面通过例题说明叠加法的具体应用。

例 7-3 如图 7-6 所示简支梁，受外载荷 F、q、M_e 作用，梁的 EI、l 均为已知。试用叠加法计算支座截面 A 处的转角 θ_A。

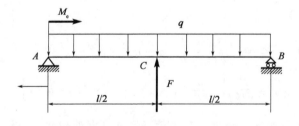

图 7-6

解：梁的外载荷由 F、q、M_e 三项组成，其中每一项所产生的变形均可在附录 A 中查到，逐项叠加，即可得到总的变形。

(1) 列出由每一项载荷作用而引起的截面 A 的转角。由附录 A 查得

$$(\theta_A)_F = \frac{Fl^2}{16EI} \quad (\text{逆时针转})$$

$$(\theta_A)_q = -\frac{ql^3}{24EI} \quad (\text{顺时针转})$$

$$(\theta_A)_{M_e} = -\frac{M_e l}{3EI} \text{ (顺时针转)}$$

（2）截面 A 的总转角 θ_A 等于上述各项的代数和，即

$$\theta_A = (\theta_A)_F + (\theta_A)_q + (\theta_A)_{M_e} = \frac{Fl^2}{16EI} - \frac{ql^3}{24EI} - \frac{M_e l}{3EI}$$

逆时针转向为正。

例 7-4 如图 7-7a）所示外伸梁，在外伸端 C 处受集中力 F 作用，梁的 EI、l、a 均为已知。试用叠加法计算截面 C 处的挠度 y_C 与转角 θ_C。

解：该梁由 AB 和 BC 两段组成，梁在任一截面的总挠度或总转角，等于梁各段发生变形时在该截面引起的挠度或转角的总和。

（1）把 AB 段看作刚体，即假设 AB 段不变形，只考虑 BC 段的变形。

如图 7-7b）所示，这相当于将截面 B 视为固定端，BC 段为悬臂梁。由附录 A 可查得

$$y_{C1} = -\frac{Fa^3}{EI} \text{ (向下)}$$

$$\theta_{C1} = -\frac{Fa^2}{2EI} \text{ (顺时针转)}$$

（2）把 BC 段看作刚体，即假设 BC 段不变形，只考虑 AB 段的变形。

如图 7-7c）所示，由于将 BC 段视为刚体，故可将载荷 F 向截面 B 处平移，得到一力 F 和一力偶 Fa，其中作用于 B 处的载荷 F 不会使梁的 AB 段产生变形，故只需考虑力偶 Fa 的作用。由附录 A 可查得此情况下 B 截面的转角为

$$\theta_B = -\frac{(Fa)l}{3EI} \text{ (顺时针转)}$$

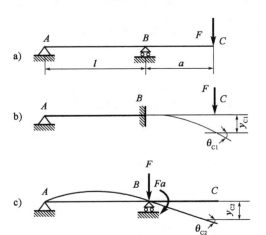

图 7-7

在 AB 段变形的同时，BC 段作为刚体发生转动，转动角度即为 θ_B。所以，由此而引起截面 C 的转角及挠度分别为

$$\theta_{C2} = -\frac{(Fa)l}{3EI} \text{ (顺时针转)}$$

$$y_{C2} = a\tan\theta_B \approx a\theta_B = -\frac{Fa^2 l}{3EI} \text{ (向下)}$$

(3) 计算截面 C 处的总挠度与总转角。

梁截面 C 处的总挠度

$$y_C = y_{C1} + y_{C2} = -\frac{Fa^3}{3EI} - \frac{Fa^2 l}{3EI} = -\frac{Fa^2}{3EI}(a+l) \text{（向下）}$$

梁截面 C 处的总转角

$$\theta_C = \theta_{C1} + \theta_{C2} = -\frac{Fa^2}{2EI} - \frac{Fal}{3EI} = -\frac{Fa^2}{2EI}\left(1 + \frac{2l}{3a}\right) \text{（顺时针转）}$$

7.5 梁的刚度条件

7.5.1 梁的刚度条件

为保证梁正常工作，工程中往往对梁在某个或某些截面处的挠度和转角加以一定的限制。若这些截面处挠度与转角的绝对值分别为 v 和 θ，则梁的刚度条件表达式为

$$v \leq [v] \tag{7-7}$$
$$\theta \leq [\theta] \tag{7-8}$$

式中：$[v]$、$[\theta]$——规定挠度和转角的最大许用值。

利用弯曲刚度条件，可进行梁的刚度校核、截面尺寸设计和确定许可载荷等计算。处理工程中梁的弯曲问题，通常须同时考虑强度条件与刚度条件。

例 7-5 如图 7-8 所示的悬臂梁，承受集度 $q = 10\text{kN/m}$ 的均布载荷和 $F_P = 20\text{kN}$ 的集中载荷作用，梁的截面选用工字钢，其长度 $l = 3\text{m}$，材料的许用应力 $[\sigma] = 170\text{MPa}$，弹性模量 $E = 210\text{GPa}$，梁的许用挠度 $[v] = \dfrac{l}{300}$。试选择工字钢型号。

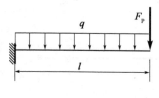

图 7-8

解：(1) 计算弯矩。

梁的最大弯矩为

$$M_{max} = \frac{1}{2}ql^2 + F_P l = \frac{1}{2} \times 10 \times 10^3 \times 3^2 + 20 \times 10^3 \times 3 = 105 \times 10^3 (\text{N} \cdot \text{m}) = 105(\text{kN} \cdot \text{m})$$

(2) 按照强度条件设计。

由强度条件可得，该梁所需的抗弯截面模量为

$$W \geq \frac{M_{max}}{[\sigma]} = \frac{105 \times 10^3}{170 \times 10^6} \approx 617.65 \times 10^{-6}(\text{m}^3) = 617.65(\text{cm}^3)$$

从型钢表规格中选用 32a 号工字钢，其抗弯截面模量为 $W = 692.2\text{cm}^3$，惯性矩为 $I = 11075.5\text{cm}^4$。

(3) 按照刚度条件校核。

梁的最大挠度发生在自由端处,利用叠加法求得其值为

$$v_{\max} = \frac{ql^4}{8EI} + \frac{F_\mathrm{p} l^2}{3EI} = \frac{10 \times 10^3 \times 3^4}{8 \times 210 \times 10^9 \times 11075.5 \times 10^{-8}} + \frac{20 \times 10^3 \times 3^3}{3 \times 210 \times 10^9 \times 11075.5 \times 10^{-8}}$$
$$\approx 0.00435 + 0.00774 = 0.01209(\mathrm{m}) = 1.209(\mathrm{cm})$$

梁的许用挠度为

$$[v] = \frac{3 \times 10^2}{300} = 1(\mathrm{cm})$$

可见

$$v_{\max} \geqslant [v]$$

选用 32a 号工字钢不能满足刚度条件,所以该梁的刚度条件起控制作用,应按此条件重新选择截面。

(4) 按照刚度条件选择工字钢型号。

由

$$v_{\max} = \frac{ql^4}{8EI} + \frac{F_\mathrm{p} l^3}{3EI} \leqslant [v]$$

可得

$$I \geqslant \frac{ql^4}{8E[v]} + \frac{F_\mathrm{p} l^3}{3E[v]} = \frac{10 \times 10^3 \times 3^4}{8 \times 210 \times 10^9 \times 1 \times 10^{-2}} + \frac{20 \times 10 \times 3^3}{3 \times 210 \times 10^9 \times 1 \times 10^{-2}}$$
$$\approx (0.482 + 0.857) \times 10^{-4}(\mathrm{m}^4) = 13390(\mathrm{cm}^4)$$

查附录 B 型钢表,应选用 36a 号工字钢。

7.5.2 提高弯曲刚度的措施

提高梁的刚度,主要是为减小梁的弹性位移。而梁的挠度和转角与载荷呈正比,与梁的抗弯刚度 EI 呈反比,因此,应尽量减小梁内的弯矩值;同时在截面面积相同的条件下,采用惯性矩较大的工字形、槽形、箱形等形状的截面,不仅在强度方面是合理的,而且也能提高梁的刚度。

选用弹性模量 E 较高的材料同样能提高梁的刚度。但对于各种钢材,由于它们的 E 值很相近,所以为提高弯曲刚度而采用高强度钢材,并不会达到预期的效果。

此外,由于梁的位移与梁长 l 的幂呈正比(如分布载荷作用下,梁的挠度与梁长度的四次方成正比),因此梁的长度 l 对梁的变形影响很大。在不改变使用效果的情况下,可将简支梁改为外伸梁。当梁的长度无法减小时,需增加梁的支座。因此,减小梁的跨度是提高其抗弯刚度最有效的措施,这也是工程上采用超静定梁的原因之一。

7.6 超静定梁

以上所讨论的梁都是静定梁,这种梁的约束反力通过静力学平衡方程即可确定。然而,在工程中,在节省材料的前提下,有时为了提高梁的强度和刚度,往往除了维持平衡所必需的约束外,还需另增加一些约束(图 7-9)。这样,梁所受的约束数目就多于静力学平衡方程的数

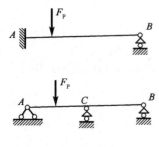

图 7-9

目,因而单凭静力学平衡方程不能求出其全部约束反力,这种梁称为**超静定梁**。约束反力数目与静力学平衡方程数目之差,称为超静定次数。

"多余约束"是指多于维持其静力平衡所必需的约束。"多余约束"能提高梁的刚度,改变梁中的内力分布。所以"多余"仅是指对于维持梁的静力平衡来说是多余的,而从工程适用角度来说,则是完全必要的。多余约束产生的约束反力称为多余约束反力。多余约束限制了梁上约束处截面的位移,也就是限制了梁的变形,由此,可得到变形的限制条件,变形限制条件又称变形的几何关系。再通过力和位移的关系,通常称之为物理关系,建立补充方程。同时考虑静力学平衡方程,即可解出超静定梁的全部约束反力。

下面以图 7-10a)所示的一次超静定梁为例进行具体讨论。

现将支座 B 视为多余约束,假想将其解除,则此时的静定基为悬臂梁,其受力应与原梁相同,所以在 B 处应代之以多余约束反力 F_B,如图 7-10b)所示。悬臂梁在均布载荷 q 和多余约束反力 F_B 共同作用下的变形也应与原梁相同,而原超静定梁在支座 B 处的挠度为零,故悬臂梁在 B 处的挠度也应为零,即

$$v_B = v_{Bq} + v_{B_F} = 0$$

这就是该梁的变形协调方程。

式中,v_{Bq}、v_{B_F} 分别为均布载荷 q 和多余约束反力 F_B 单独作用在悬臂梁上引起的 B 处的挠度,如图 7-10c)、d)所示。由附录 A 查得

$$v_{Bq} = -\frac{ql^4}{8EI}, \ v_{B_F} = \frac{F_B l^3}{3EI}$$

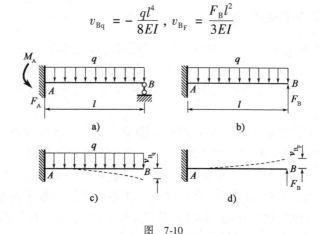

图 7-10

这是力与变形的物理关系,即物理方程。将其代入变形协调方程,得到补充方程

$$-\frac{ql^4}{8EI} + \frac{F_B l^3}{3EI} = 0$$

由此解得 $F_B = \dfrac{3}{8}ql$。所得 F_B 为正值,表明其指向与原来假设的方向相同。

求得"多余"反力 F_B 后,对于图 7-10b)所示的静定梁,利用静力学平衡方程,可求出其余约束反力

$$F_A = \frac{5}{8}ql, \quad M_A = \frac{1}{8}ql^2$$

方向如图 7-10a)所示。将约束反力都求解出来后,就可以对梁进行下一步的强度和刚度计算。

由以上的讨论可知,求解超静定梁的问题主要是计算多余约束反力。计算多余约束反力的步骤是:

(1)判断超静定次数。未知约束反力数与可列出的独立静力学平衡方程数之差,即为超静定次数。

(2)选取基本体系(需注意,在选择静定基时,只能解除多余约束,维持平衡必要的约束不能解除),即在静定基上加上载荷和多余约束反力。

(3)根据变形限制条件建立变形的几何关系,解除哪里的多余约束,就要写出哪里变形的几何关系。

(4)根据力与变形间的物理关系建立补充方程,即将几何条件转化为力的方程。

(5)将补充方程与静力学平衡方程联立求解其约束反力。

另外,"多余"约束的选择不是唯一的,只要选择的静定基可以承受载荷即可。选定多余约束的原则是使多余约束反力的求解简便。

本章小结

本章主要研究了梁弯曲变形时的变形计算方法、梁的刚度条件以及超静定梁的求解方法。主要内容如下。

(1)梁的挠曲线近似微分方程为:

$$\frac{d^2 y}{dx^2} = \frac{M(x)}{EI}$$

这一方程只适用于线弹性和小变形情况。对这一方程进行积分,并利用梁的边界条件(当梁的弯矩方程分段表示时,还要利用梁挠度与转角的连续条件)确定积分常数,就可以得到梁的挠曲线方程和转角方程。

(2)在小变形和材料线弹性的条件下,在求解梁的位移时可以利用叠加原理。当梁受到几项载荷作用时,可以先分别计算(或查表得到)各项载荷单独作用下梁的位移,然后求它们的代数和,就会得到这几项载荷共同作用下的位移。

(3)梁的刚度条件。

$$v \leqslant [v], \quad \theta \leqslant [\theta]$$

利用上述条件可以对梁进行刚度校核、截面设计和许可荷载的计算。

(4)超静定梁的初步概念与求解。

与拉压超静定问题类似,这里同样运用了变形协调条件,先假想地解除"多余"约束,代之以"多余"约束反力,利用变形协调条件建立补充方程,用补充方程求出"多余"约束反力,然后解出其他约束反力,再进行相应的强度和刚度计算。

习题

7-1 试用积分法求题7-1图所示各梁的挠曲线方程及自由端的挠度和转角。梁的抗弯刚度 EI 为常数。

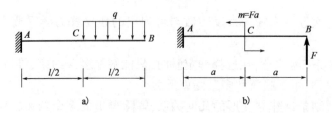

题 7-1 图

7-2 试用积分法求题7-2图所示简支梁 A、B 截面的转角 θ_A、θ_B,并求梁的最大挠度值 y_{max} 及其所在截面的位置。

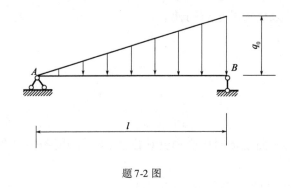

题 7-2 图

7-3 简支梁受载荷如题7-3图所示,试用积分法求 θ_A、θ_B、y_{max}。

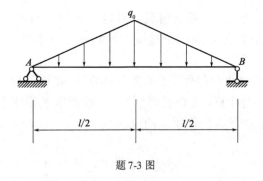

题 7-3 图

7-4 试用叠加法求题7-4图所示梁的 y_{max} 及 θ_B。

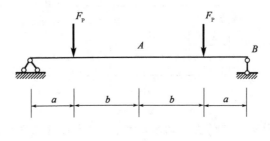

题 7-4 图

7-5 用叠加法求题 7-5 图所示外伸梁外伸端 D 的转角和挠度。

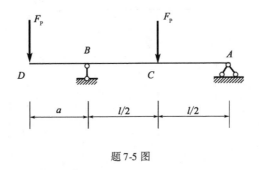

题 7-5 图

7-6 如题 7-6 图所示的圆截面简支梁,直径 $d=32\text{mm}$,材料弹性模量 $E=200\text{GPa}$,工作时要求截面 C 处的挠度不大于 0.05mm,试对该梁进行刚度校核。

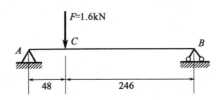

题 7-6 图 （尺寸单位:mm）

7-7 如题 7-7 图所示的圆截面简支梁,材料弹性模量 $E=200\text{GPa}$,工作时要求两端截面处的转角不大于 0.05rad,试按刚度条件设计直径 d。

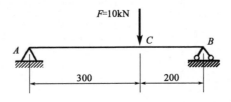

题 7-7 图 （尺寸单位:mm）

7-8 试计算题 7-8 图所示梁的支座约束反力,并作梁的剪力图和弯矩图。

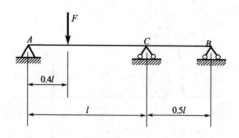

题 7-8 图

7-9 试计算题 7-9 图所示梁的支座约束反力，并作梁的弯矩图。

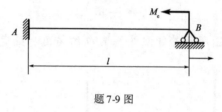

题 7-9 图

第8章 应力状态与强度理论

前面对扭转变形和弯曲变形的分析结果表明,一般情况下杆件横截面上不同点的应力是不相同的。本章还将证明,过同一点的不同方位面上的应力,一般情况下也是不相同的。因此,当提及应力时,必须指明是哪一个面上哪一点的应力,或者是哪一点哪一方位面上的应力,即应力的点和面的概念。并在此基础上,介绍强度理论的概念及常用的四种强度理论。

8.1 应力状态的概念

所谓"**应力状态**",又称一点处的应力状态,是指过一点不同方位面上应力的集合。

应力状态分析,是用平衡的方法,分析过一点不同方位面上应力的相互关系,确定这些应力的极大值和极小值以及它们的作用面。

一点处的应力状态,可用该点在三个相互垂直的截面上的应力来描述,通常是围绕该点取出一个微小正六面体(简称单元体)来表示。单元体的表面就是应力的作用面。由于单元体微小,可以认为单元体各表面上的应力是均匀分布的,而且每一对平行表面上的应力情况是相同的。例如,图 8-1 a)中 $m-m$ 截面上 a、b、c、d 点的单元体的应力状态表示方式如图 8-1c)所示。

下节将阐明,一点处不同方位面上的应力是不相同的。可把在过一点的所有截面中,切应力为零的截面称为**应力主平面**,简称主平面。例如,图 8-1c)中 a、d 单元体的三对表面及 b、c 单元体的前后一对表面均为主平面。由主平面构成的单元体称为主单元体,如图 8-1c)中的 a、d 单元体。主平面的法向称为应力主方向,简称主方向。主平面上的正应力称为主应力,如图 8-1c)中 a、d 单元体上的 σ_1 及 σ_3。用弹性力学方法可以证明,在物体中任一点总可以找到三个相互垂直的主方向,因而每一点处都有三个相互垂直的主平面和三个主应力;但在三个主应力中有两个或三个主应力相等的特殊情况下,主平面及主方向便会多于三个。

一点处的三个主应力,通常按其代数值大小排列,用 $\sigma_1 \geqslant \sigma_2 \geqslant \sigma_3$ 表示,如图 8-1c)中 a、d 单元体,虽然它们都只有一个不为零且绝对值相等的主应力,但须分别用 σ_1、σ_3 表示。根据

一点处存在几个不为零的主应力,可以将应力状态分为以下三类:

(1) 单向应力状态。三个主应力中只有一个主应力不为零,如图 8-2a) 所示。

(2) 二向应力状态。三个主应力中有两个主应力不为零,如图 8-2b) 所示。

(3) 三向(或空间)应力状态。三个主应力均不为零,如图 8-2c) 所示。

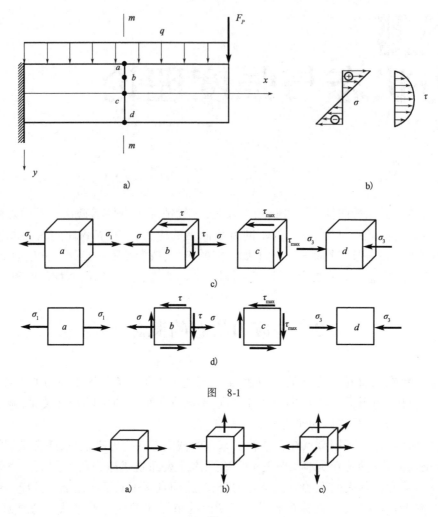

图 8-1

图 8-2

单向及二向应力状态常称为平面应力状态。二向及三向应力状态又统称为复杂应力状态。显然,轴向拉伸和压缩杆件及纯弯曲梁内的各点均处于单向应力状态,受扭转圆轴及横力弯曲梁内的各点均处于二向应力状态。本章主要讨论工程中最常见的平面应力状态。

8.2 二向应力状态分析——解析法

8.2.1 斜截面上的应力

二向应力状态单元体的一般形式如图 8-3a) 所示,单元体的一对表面上没有应力作用,这是主应力为零的一对主平面。在其余两对表面上均作用有正应力和切应力,并且各应力作用线都与没有应力作用的平面平行。选取单元体三对侧面的法线分别作为坐标轴 x、y 和 z,并将单元体的侧面相应地称为 x 平面、y 平面和 z 平面。将 x 平面上的正应力记为 σ_x,切应力记为 τ_{xy};将 y 平面上的正应力记为 σ_y,切应力记为 τ_{yx}。根据切应力互等定理,τ_{xy} 与 τ_{yx} 的数值相等且垂直于 x 平面与 y 平面的交线,其方向共同指向或共同背离该交线。

为讨论方便,今后将用单元体的平面图表示二向应力状态,如图 8-3b)所示。

在单元体内任取一外法线为 n 的斜截面,如图 8-3c)所示。法线 n 与 x 轴的夹角为 α,该斜截面称为 α 平面。为研究斜截面 α 上的应力情况,仍采用传统的截面法。用 α 平面假想地将单元体切分为两部分,保留一部分为研究对象,并弃去另一部分,如图 8-3d)所示。将 α 平面上的正应力记为 σ_α,切应力记为 τ_α。设斜截面 α 的面积为 dA,则单元体保留部分的 x 平面和 y 平面的面积各为 $dA\cos\alpha$ 和 $dA\sin\alpha$。

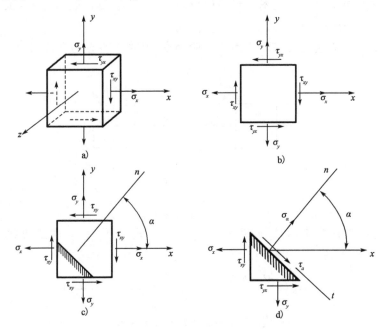

图 8-3

在建立方程之前,需对有关各量的正负符号作出明确规定。对正应力 σ,仍以拉应力为正,压应力为负;对切应力 τ,规定使单元体顺时针旋转者为正,逆时针旋转者为负;对斜截面方位角 α,规定自 x 轴逆时针转至该截面外法线者为正,顺时针转至该截面外法线者为负。

作用在单元体保留部分各面上的力,沿斜截面外法线 n 和与切线 t 方向的静力平衡方程分别为

$$\Sigma F_n = 0, \Sigma F_t = 0$$

即

$$\sigma_\alpha dA - (\sigma_x dA\cos\alpha)\cos\alpha + (\tau_{xy} dA\cos\alpha)\sin\alpha - (\sigma_y dA\sin\alpha)\sin\alpha + (\tau_{yx} dA\sin\alpha)\cos\alpha = 0$$

$$\sigma_\alpha dA - (\sigma_x dA\cos\alpha)\sin\alpha + (\tau_{xy} dA\cos\alpha)\cos\alpha + (\sigma_y dA\sin\alpha)\cos\alpha + (\tau_{yx} dA\sin\alpha)\sin\alpha = 0$$

对以上两式进行整理,并注意到 $\tau_{xy} = \tau_{yx}$,得

$$\sigma_\alpha = \sigma_x \cos^2\alpha + \sigma_y \sin^2\alpha - 2\tau_{xy}\sin\alpha\cos\alpha \tag{8-1a}$$

$$\tau_\alpha = (\sigma_x - \sigma_y)\sin\alpha\cos\alpha + \tau_{xy}(\cos^2\alpha - \sin^2\alpha) \tag{8-1b}$$

因 $\cos^2\alpha = \dfrac{1}{2}(1 + \cos2\alpha)$，$\sin^2\alpha = \dfrac{1}{2}(1 - \cos2\alpha)$，$2\sin\alpha\cos\alpha = \sin2\alpha$，故式(8-1a)和式(8-1b)可分别简化为

$$\sigma_\alpha = \frac{\sigma_x + \sigma_y}{2} + \frac{\sigma_x - \sigma_y}{2}\cos2\alpha - \tau_{xy}\sin2\alpha \tag{8-2}$$

$$\tau_\alpha = \frac{\sigma_x - \sigma_y}{2}\sin2\alpha + \tau_{xy}\cos2\alpha \tag{8-3}$$

根据式(8-2)和式(8-3)可知，若已知初始单元体各面上的应力 σ_x、σ_y 和 τ_{xy}，则可以计算出任意斜截面 α 上的正应力 σ_α 与切应力 τ_α。这是通过解析法建立的二向应力状态分析的一般公式。

例 8-1 试利用二向应力状态分析的解析法公式，导出图 8-4a)所示单向拉伸单元体斜截面 α 上的正应力与切应力计算式。

解：用斜截面 α 假想地将单元体切分为两部分，取左下部分为研究对象，如图 8-4b)所示。

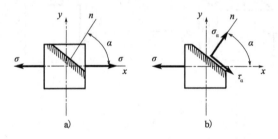

图 8-4

按图 8-4a)，已知单元体的 $\sigma_x = \sigma$，$\sigma_y = 0$，$\tau_{xy} = \tau_{yx} = 0$。由二向应力状态分析解析法公式(9-1)和式(9-2)可得

$$\sigma_\alpha = \frac{\sigma_x + \sigma_y}{2} + \frac{\sigma_x - \sigma_y}{2}\cos2\alpha - \tau_{xy}\sin2\alpha$$

$$= \frac{\sigma}{2}(1 + \cos2\alpha) = \sigma\cos^2\alpha$$

$$\tau_\alpha = \frac{\sigma_x - \sigma_y}{2}\sin2\alpha + \tau_{xy}\cos2\alpha = \frac{\sigma}{2}\sin2\alpha$$

可以发现，这个结果与第 2 章中给出的轴向拉伸杆件斜截面上的应力计算公式(2-4)及式(2-5)完全一致。

8.2.2 极值应力

1. 极值正应力

将正应力公式对 α 求导，得

$$\frac{d\sigma_\alpha}{d\alpha} = -2\left(\frac{\sigma_x - \sigma_y}{2}\sin2\alpha + \tau_{xy}\cos2\alpha\right)$$

若 $\alpha = \alpha_0$，能使导数 $\dfrac{d\sigma_\alpha}{d\alpha} = 0$，即

$$\frac{\sigma_x - \sigma_y}{2}\sin2\alpha_0 + \tau_{xy}\cos2\alpha_0 = 0 \tag{8-4}$$

可解得

$$\tan2\alpha_0 = -\frac{2\tau_{xy}}{\sigma_x - \sigma_y} \tag{8-5}$$

上式有两个解,即 α_0 和 $\alpha_0 \pm 90°$,它们可以确定两个相互垂直的平面,其中一个是最大正应力所在的平面,另一个是最小正应力所在的平面。比较式(8-3)和式(8-4),可见满足式(8-4)的 α_0 角恰好使 τ_α 等于零。也就是说,在切应力等于零的平面上,正应力为最大值或最小值。因为切应力为零的平面是主平面,主平面上的正应力是主应力,所以主应力就是最大或最小的正应力。由式(8-5)可以求出 $\sin2\alpha_0$ 和 $\cos2\alpha_0$,代入式(8-2)即可求得最大和最小正应力为

$$\left.\begin{matrix}\sigma_{\max}\\ \sigma_{\min}\end{matrix}\right\} = \frac{\sigma_x + \sigma_y}{2} \pm \sqrt{\left(\frac{\sigma_x - \sigma_y}{2}\right)^2 + \tau_{xy}^2} \tag{8-6}$$

在导出以上各公式时,除假设 σ_x、σ_y 和 τ_{xy} 皆为正值外,并无其他限制。但在使用这些公式时,如约定用 σ_x 表示两个正应力中代数值较大的一个,即 $\sigma_x \geq \sigma_y$,则式(8-5)确定的两个角度 α_0 中,绝对值小的角度所对应的平面为最大正应力所在的平面,另一个是最小正应力所在的平面。

2. 极值切应力

将切应力公式(8-3)对 α 求导,即令

$$\frac{d\tau_\alpha}{d\alpha} = (\sigma_x - \sigma_y)\cos2\alpha - 2\tau_{xy}\sin2\alpha = 0$$

若 $\alpha = \alpha_1$,能使导数 $\frac{d\tau_\alpha}{d\alpha} = 0$,则在 α_1 所确定的截面上,切应力取得极值。通过求导可得

$$(\sigma_x - \sigma_y)\cos2\alpha_1 - 2\tau_{xy}\sin2\alpha_1 = 0$$

解得

$$\tan2\alpha_1 = \frac{\sigma_x - \sigma_y}{2\tau_{xy}} \tag{8-7}$$

上式有两个解,即 α_1 和 $\alpha_1 \pm 90°$,它们可以确定两个相互垂直的平面,其中一个是最大切应力所在的平面,另一个是最小切应力所在的平面。由式(8-7)可以求出 $\sin2\alpha_1$ 和 $\cos2\alpha_1$,代入式(8-3)即可求得最大和最小切应力为

$$\left.\begin{matrix}\tau_{\max}\\ \tau_{\min}\end{matrix}\right\} = \pm\sqrt{\left(\frac{\sigma_x - \sigma_y}{2}\right)^2 + \tau_{xy}^2} \tag{8-8}$$

与正应力的极值和所在两个平面方位的对应关系相似,切应力的极值与所在两个平面方位的对应关系是:若 $\tau_{xy} > 0$,则绝对值较小的 α_1 对应最大切应力所在的平面。

3. 主应力所在的平面与切应力极值所在的平面之间的关系

α 与 α_1 之间的关系为

$$\tan2\alpha_0 = -\frac{1}{\tan2\alpha_1}$$

所以有

$$2\alpha_1 = 2\alpha_0 + \frac{\pi}{2}, \alpha_1 = \alpha_0 + \frac{\pi}{4}$$

这表明最大和最小切应力所在的平面与主平面的夹角为45°。

例8-2 如图8-5a)所示单元体中,已知 $\sigma_x = 80\text{MPa}, \sigma_y = -40\text{MPa}, \tau_{xy} = -60\text{MPa}$。(1)试计算指定截面上的应力;(2)计算并求出主应力及其方向。

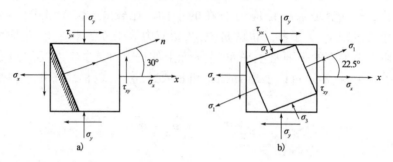

图 8-5

解:(1) 求 $\alpha = 30°$ 斜截面上的应力。

将已知条件代入式(8-2)和式(8-3)可得

$$\sigma_{30°} = \frac{\sigma_x + \sigma_y}{2} + \frac{\sigma_x - \sigma_y}{2}\cos2\alpha - \tau_{xy}\sin2\alpha$$

$$= \frac{80 + (-40)}{2} + \frac{80 - (-40)}{2}\cos(2 \times 30°) - (-60)\sin(2 \times 30°)$$

$$\approx 101.96(\text{MPa})$$

$$\tau_{30°} = \frac{\sigma_x - \sigma_y}{2}\sin2\alpha + \tau_{xy}\cos2\alpha$$

$$= \frac{80 - (-40)}{2}\sin(2 \times 30°) + (-60)\cos(2 \times 30°)$$

$$\approx 21.96(\text{MPa})$$

(2) 求主应力和主平面。

确定主平面方位,将单元体已知应力代入式(8-5),得

$$\tan2\alpha_0 = -\frac{2\tau_{xy}}{\sigma_x - \sigma_y} = -\frac{2 \times (-60)}{80 - (-40)} = 1$$

解得

$$2\alpha_0 = 45° \text{ 或 } 2\alpha_0 = 225°, \text{即 } \alpha_0 = 22.5° \text{ 或 } \alpha_0 = 112.5°$$

α_0 即为最大主应力 σ_1 与 x 轴的夹角。主应力为

$$\sigma_{\min}^{\max} = \frac{\sigma_x + \sigma_y}{2} \pm \sqrt{\left(\frac{\sigma_x - \sigma_y}{2}\right)^2 + \tau_{xy}^2}$$

$$= \frac{80 + (-40)}{2} \pm \sqrt{\left[\frac{80 - (-40)}{2}\right]^2 + (-60)^2}$$

$$\approx 20 \pm 84.85 = \begin{cases} 104.85(\text{MPa}) \\ -64.85(\text{MPa}) \end{cases}$$

于是可知：$\sigma_1 = 104.85\text{MPa}, \sigma_2 = 0, \sigma_3 = -64.85\text{MPa}$，如图 8-5b) 所示。

例 8-3　一铸铁材料的圆轴如图 8-6a) 所示，试分析扭转时表面上点 A 的应力情况。

解：圆轴受扭时，外表面上切应力最大，其值为

$$\tau = \frac{T}{W_\text{P}}$$

取外表面上的点 A 进行分析，其应力情况如图 8-6b) 所示，将应力值代入式 (8-6) 可求出点 A 的主应力：

$$\sigma_{\min}^{\max} = \frac{\sigma_x + \sigma_y}{2} \pm \sqrt{\left(\frac{\sigma_x - \sigma_y}{2}\right)^2 + \tau_{xy}^2} = \pm \tau$$

主应力方向：

$$\tan 2\alpha_0 = -\frac{2\tau_{xy}}{\sigma_x - \sigma_y} = -\infty$$

解得

$$2\alpha_0 = -90° \text{ 或 } 2\alpha_0 = -270°, \text{ 即 } \alpha_0 = -45° \quad \text{或} \quad \alpha_0 = -135°$$

对主应力排序可得 $\sigma_1 = \tau, \sigma_2 = 0, \sigma_3 = -\tau$，如图 8-6b) 所示。

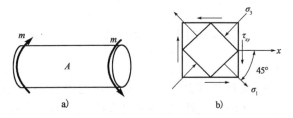

图 8-6

上述结果表明，在与轴线夹角为 $\mp 45°$ 方向，主应力分别达到最大值和最小值，一为拉应力，一为压应力。圆轴在受扭时，表面各点 $\sigma_{\max}$ 在主平面连成倾角 45° 的螺旋面，由于铸铁的抗拉强度低于抗压强度，杆件将沿这一螺旋面因拉伸而发生断裂破坏。

8.3　二向应力状态分析——图解法

二向应力状态分析，也可采用图解法。其优点是简明直观，无须记公式。如果采用适当的作图比例，其精确度是能满足工程设计要求的。这里只介绍图解法中的莫尔圆法，它是德国工程师莫尔在总结前人研究基础上于 1882 年提出的。

1. 应力圆方程

将式 (8-2) 和式 (8-3) 改写为

$$\sigma_\alpha - \frac{\sigma_x + \sigma_y}{2} = \frac{\sigma_x - \sigma_y}{2}\cos 2\alpha - \tau_{xy}\sin 2\alpha \tag{8-9a}$$

$$\tau_\alpha = \frac{\sigma_x - \sigma_y}{2}\sin 2\alpha + \tau_{xy}\cos 2\alpha \tag{8-9b}$$

于是，由式 (8-9a) 和式 (8-9b) 消掉参数 α，可得

$$\left(\sigma_\alpha - \frac{\sigma_x + \sigma_y}{2}\right)^2 + \tau_\alpha^2 = \left[\sqrt{\left(\frac{\sigma_x - \sigma_y}{2}\right)^2 + \tau_{xy}^2}\right]^2 \qquad (8\text{-}9c)$$

由以上公式可知,这是一个圆的方程。

据此,若已知 σ_x、σ_y 和 τ_{xy},则在以 σ 为横坐标轴,τ 为纵坐标轴的坐标系中,可以画出一个圆,其圆心为 $\left(\frac{\sigma_x + \sigma_y}{2}, 0\right)$,半径为 $\sqrt{\left(\frac{\sigma_x - \sigma_y}{2}\right)^2 + \tau_{xy}^2}$。圆周上一点的坐标就代表单元体一个斜截面上的应力。因此,这个圆称为**应力圆**或莫尔圆。

2. 应力圆的作法

若已知某二向应力状态单元体各表面上的应力 σ_x、σ_y 和 τ_{xy},则可以用简单的几何方法绘制出它的应力圆,具体作法如下。

在图 8-7a)所示的单元体中,假设 $\sigma_x > \sigma_y > 0$ 及 $\tau_{xy} > 0$(这并不失一般性,只影响作图时对应点的位置)。作图时按图 8-7b)所示,以 σ 为横坐标轴,τ 为纵坐标轴,选取适当的比例,以坐标(σ_x, τ_{xy})确定点 D 的位置,以坐标(σ_y, τ_{yx})确定点 D_1 的位置,连接点 D 与点 D_1,交 σ 轴于点 C。由图中几何关系可知,点 C 的坐标为 $\left(\frac{\sigma_x + \sigma_y}{2}, 0\right)$,故点 C 即为应力圆的圆心。线段 CD 的长度为 $\sqrt{\left(\frac{\sigma_x - \sigma_y}{2}\right)^2 + \tau_{xy}^2}$,故 $\overline{CD}$ 即为应力圆的半径。以点 C 为圆心,以 $\overline{CD}$ 为半径作圆,便可作出应力圆。

需注意到,在应力圆中,点 D 与点 D_1 间的圆弧所对的中心角为 $180°$,而单元体的 x 面与 y 面间的夹角只是它的一半,即 $90°$。此外,作图时只确认了应力圆的两个特定点(D 与 D_1)和单元体的两个特定面(x 面与 y 面)之间分别存在的对应关系,现在,则需进一步考察圆周上任意点与单元体截面之间的一般对应关系。为此,自点 D 沿圆周逆时针方向转至某任一点 E,并令圆弧 DE 所对的圆心角为 2α,已作出的半径 CD 与 σ 轴的夹角为 $2\alpha_0$,如图 8-7b)所示,则点 E 的横坐标 $\overline{OF}$ 和纵坐标 $\overline{FE}$ 分别为

$$\begin{aligned}
\overline{OF} &= \overline{OC} + \overline{CF} = \overline{OC} + \overline{CE}\cos(2\alpha_0 + 2\alpha) \\
&= \overline{OC} + \overline{CD}\cos(2\alpha_0 + 2\alpha) \\
&= \overline{OC} + \overline{CD}\cos 2\alpha_0 \cos 2\alpha - \overline{CD}\sin 2\alpha_0 \sin 2\alpha \\
&= \frac{\sigma_x + \sigma_y}{2} + \frac{\sigma_x - \sigma_y}{2}\cos 2\alpha - \tau_{xy}\sin 2\alpha
\end{aligned} \qquad (8\text{-}9d)$$

$$\begin{aligned}
\overline{FE} &= \overline{CE}\sin(2\alpha_0 + 2\alpha) = \overline{CD}\sin(2\alpha_0 + 2\alpha) \\
&= \overline{CD}\sin 2\alpha_0 \cos 2\alpha + \overline{CD}\cos 2\alpha_0 \sin 2\alpha \\
&= \tau_{xy}\cos 2\alpha + \frac{\sigma_x - \sigma_y}{2}\cos 2\alpha - \tau_{xy}\sin 2\alpha
\end{aligned} \qquad (8\text{-}9e)$$

经比较发现,式(8-9d)、式(8-9e)的右端分别与解析法所得式(8-2)、式(8-3)的右端完全相同。因此,有

$$\overline{OF} = \sigma_\alpha, \quad \overline{FE} = \tau_\alpha \qquad (8\text{-}9f)$$

式(8-9f)表明,自 D 点(坐标代表 x 平面上的应力)逆时针旋转 2α 得到的点 E 的坐标,代表单元体内从 x 轴逆时针旋转 α 所得到的法线对应平面上的应力。应力圆圆周上点 E 的横

坐标和纵坐标,分别等于单元体斜截面上的正应力和切应力,如图 8-7a)所示。

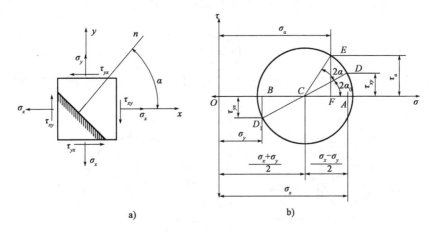

图 8-7

因此,利用应力圆,通过作图方法同样可以确定单元体任一斜截面 α 上的正应力和切应力。

为便于应用,现将应力圆与单元体间的一般对应关系归纳如下:

(1) 应力圆圆周上的每一点,分别对应单元体的一个截面,并且该点的横坐标与纵坐标分别等于对应截面上的正应力和切应力。

(2) 应力圆圆周上两点间圆弧所对的圆心角,是相应两截面外法线之间夹角的二倍,并且角度的转向一致。

3. 主应力与最大切应力

以图 8-8a)所示单元体为例,应力圆与 σ 轴的交点为 A_1 与 B_1,其纵坐标皆为零。由主平面与主应力的定义可知,A_1 与 B_1 将分别与单元体的两个主平面对应,且其横坐标分别等于相应主应力的数值 σ_{max} 和 σ_{min}(单元体的另一个主应力是 $\sigma=0$,需比较 σ_{max} 和 σ_{min} 的代数值大小才能确定何者为 σ_1,何者为 σ_2 和 σ_3)。

作出应力圆如图 8-8b)所示,由图中的几何关系可得

$$\sigma_{max} = \overline{OC} + \overline{CA_1} = \frac{\sigma_x + \sigma_y}{2} + \sqrt{\left(\frac{\sigma_x - \sigma_y}{2}\right)^2 + \tau_{xy}^2}$$

$$\sigma_{min} = \overline{OC} - \overline{CA_1} = \frac{\sigma_x + \sigma_y}{2} - \sqrt{\left(\frac{\sigma_x - \sigma_y}{2}\right)^2 + \tau_{xy}^2}$$

证明点 A_1 与 B_1 的横坐标即为相应主应力 σ_{max} 和 σ_{min} 的数值。

又由图 8-8b)可知,自点 D 至 A_1 为顺时针转过 $2\alpha_0$ 角,故知,自单元体的 x 轴至主应力 σ_{max} 所在截面外法线的夹角为顺时针转 α_0 角[图 8-8a)]。α_0 的大小按图 8-8b)计算,为

$$\tan 2\alpha_0 = \frac{\overline{DA}}{\overline{CA}} = -\frac{2\tau_{xy}}{\sigma_x - \sigma_y}$$

即证明 A_1 点所代表的方位面即为 σ_{max} 所在截面。

由图 8-8b)还可知道,应力圆圆周上点 G 和 G_1 的纵坐标分别达到最大值和最小值,它们分别对应单元体的最大切应力 τ_{max} 和最小切应力 τ_{min},其大小都与应力圆的半径相等,即

$$\tau_{\max} = \sqrt{\left(\frac{\sigma_x - \sigma_y}{2}\right)^2 + \tau_{xy}^2}$$

$$\tau_{\min} = -\sqrt{\left(\frac{\sigma_x - \sigma_y}{2}\right)^2 + \tau_{xy}^2}$$

且由图中的几何关系可知,最大切应力和最小切应力作用面与主平面的夹角为45°。

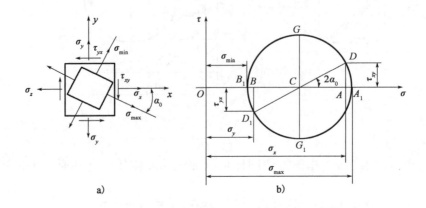

图 8-8

例8-4 一平面应力状态如图8-9a)所示,已知 $\sigma_x = 50\text{MPa}$,$\tau_{xy} = 20\text{MPa}$。用图解法试求:(1)在 $\alpha = 60°$ 截面上的应力;(2)主应力,并在单元体上绘出主平面位置及主应力方向。

解: 首先在图8-9b)所示的 σ-τ 坐标系内按比例确定 $D_1(50,20)$ 和 $D_2(0,-20)$ 两点,连接 D_1 和 D_2 两点交 σ 轴于 C 点,以点 C 为圆心,CD_1 为半径作圆,此圆即为所求应力圆。

(1)求 $\alpha = 60°$ 截面上的应力。

在应力圆上,以半径 CD_1 逆时针转120°交圆周于 E 点,量取 E 点的坐标值,得 $\sigma_\alpha = 4.8\text{MPa}$,$\tau_\alpha = 11.7\text{MPa}$,此即为 $\alpha = 60°$ 截面上的应力。

(2)求主应力。

在应力圆上,圆周与 σ 轴的交点是 A_1 和 A_2,该两点的横坐标就是单元体的两个主应力,量取其大小,得

$$\sigma_1 = 4.8\text{MPa}, \sigma_2 = 0, \sigma_3 = -7\text{MPa}$$

在应力圆上,以半径 CD_1 顺时针旋转 $2\alpha_0$ 到达 CA_1,量取其大小,可得 $\alpha_0 = -20°$,在单元体上顺时针转 α_0 即可得主平面方位,如图8-9c)所示。

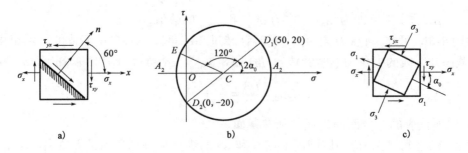

图 8-9

8.4　三向应力状态分析

三向应力状态的分析比较复杂,本节只讨论当三个主应力 σ_1、σ_2 和 σ_3 已知时,单元体内的最大切应力。

设已知三向应力状态的三个主应力分别为 σ_1、σ_2 和 σ_3,则按主应力作出的单元体如图 8-10a)所示。因单元体中与 σ_3 平行的各截面上的应力与 σ_3 无关,故其应力情况可通过由 σ_1 与 σ_2 作出的应力圆确定;同样,与 σ_1 平行的各截面,其应力情况可通过由 σ_2 和 σ_3 作出的应力圆确定;与 σ_2 平行的各截面,其应力情况可通过由 σ_1、σ_3 作出的应力圆确定。图 8-10b)中画出了上述三个应力圆。

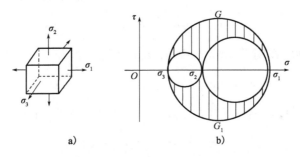

图 8-10

对于单元体内与三个主应力都不平行的任意斜截面,可以证明,其应力情况将由三个应力圆圆周所围成的阴影区域内对应某点的坐标来确定。

由图 8-10b)可以看出,三向应力状态单元体中的最大切应力,是由最大应力圆上点 G 的纵坐标确定的,它等于最大应力圆的半径,即

$$\tau_{\max} = \frac{\sigma_1 - \sigma_3}{2} \tag{8-10}$$

最大切应力的作用面与主应力 σ_1 和 σ_3 均成 45° 夹角。

8.5　广义胡克定律

在研究单向拉伸和压缩时,已经知道了当正应力未超过比例极限时,正应力与线应变成线性关系,即

$$\varepsilon = \frac{\sigma}{E}$$

横向线应变根据材料的泊松比可得出:

$$\varepsilon' = -\mu\varepsilon = -\mu\frac{\sigma}{E}$$

本节将研究在复杂应力状态下,应力与应变之间的关系——广义胡克定律。

当受力杆件内一点处 A 的三个主应力 σ_1、σ_2 和 σ_3 均在比例极限以内时，利用叠加原理，可以认为三向应力状态单元体是由三个单向应力状态单元体叠加而成的，如图 8-11 所示。

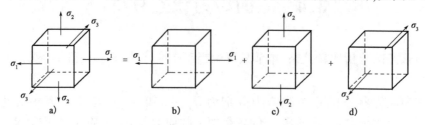

图 8-11

在主应力 σ_1 单独作用时[图 8-11b)]，单元体在 σ_1 方向的线应变 $\varepsilon_{11} = \dfrac{\sigma_1}{E}$，在主应力 σ_2 和 σ_3 单独作用时[图 8-11c)、d)]，单元体在 σ_1 方向的线应变分别为

$$\varepsilon_{12} = -\mu\frac{\sigma_2}{E},\varepsilon_{13} = -\mu\frac{\sigma_3}{E}$$

在 σ_1、σ_2 和 σ_3 共同作用下，单元体在 σ_1 方向的线应变为

$$\varepsilon_1 = \varepsilon_{11} + \varepsilon_{12} + \varepsilon_{13} = \frac{1}{E}[\sigma_1 - \mu(\sigma_2 + \sigma_3)]$$

采用相同的方法可以求出单元体在 σ_2 和 σ_3 方向的线应变，于是可得

$$\begin{cases} \varepsilon_1 = \dfrac{1}{E}[\sigma_1 - \mu(\sigma_2 + \sigma_3)] \\ \varepsilon_2 = \dfrac{1}{E}[\sigma_2 - \mu(\sigma_3 + \sigma_1)] \\ \varepsilon_3 = \dfrac{1}{E}[\sigma_3 - \mu(\sigma_1 + \sigma_2)] \end{cases} \tag{8-11}$$

这就是三向应力状态时的广义胡克定律，ε_1、ε_2、ε_3 分别与主应力 σ_1、σ_2、σ_3 的方向一致，称为一点处的主应变。

一般情况下，在受力杆件内某点处的单元体，各面上既有正应力也有切应力。由弹性理论可以证明，对于各向同性材料，在线弹性范围内，处于小变形时，一点处的线应变 ε_x、ε_y、ε_z 只与该点的正应力 σ_x、σ_y、σ_z 有关，而切应变只与该点的切应力有关。因此，求线应变时，可不考虑切应力的影响，求切应变时可不考虑正应力的影响。于是只要将图 8-11 中的 σ_1、σ_2、σ_3 换成 σ_x、σ_y、σ_z，即可得到单元体沿 x、y、z 方向的线应变：

$$\begin{cases} \varepsilon_x = \dfrac{1}{E}[\sigma_x - \mu(\sigma_y + \sigma_z)] \\ \varepsilon_y = \dfrac{1}{E}[\sigma_y - \mu(\sigma_z + \sigma_x)] \\ \varepsilon_z = \dfrac{1}{E}[\sigma_z - \mu(\sigma_x + \sigma_y)] \end{cases} \tag{8-12}$$

同理，切应变也可由切应力得出：

$$\gamma_{xy} = \frac{\tau_{xy}}{G},\gamma_{yz} = \frac{\tau_{yz}}{G},\gamma_{zx} = \frac{\tau_{zx}}{G} \tag{8-13}$$

式(8-11)～式(8-13)被称为广义胡克定律的两种表达形式。

8.6 强度理论

8.6.1 强度理论概述

在前几章中,讨论了塑性材料和脆性材料的拉伸、压缩和扭转试验以及它们的一些典型破坏现象。构件在基本变形情况下,虽然破坏形式各异,但是基本上可以归结为塑性屈服和脆性断裂两大类。前者以屈服极限 σ_s 为极限应力,后者以强度极限 σ_b 为极限应力。对轴向拉伸和压缩问题,材料的极限应力是通过试验直接测定的,并由此确定杆件的强度条件为

$$\sigma = \frac{F_N}{A} \leq [\sigma]$$

在这里,工作应力的危险状态与材料试验中的状态一致。

然而,工程实际中许多构件的危险点都处于复杂应力状态,在复杂应力状态下单元体的三个主应力可以有无限多种组合。而且,进行复杂应力状态试验的设备和试件加工都比较复杂,如果仍采用直接试验的方法来建立其强度条件,则必须对各式各样的应力状态一一进行试验,这是繁冗而难以实现的。解决这类问题通常是依据部分试验结果,经过判断推理,提出一些假设,推测材料在复杂应力状态下破坏的原因,从而建立强度条件。

人们经过长期的生产实践和科学研究,总结材料破坏的规律,对材料发生破坏的原因提出了各种不同的假设。按照这些假设,对于同一种材料,无论处于何种应力状态,当导致它们破坏的某一共同因素达到某一极限时,材料就会发生破坏。因此,可以通过简单拉伸试验来确定这个因素的极限值,从而建立复杂应力状态下的强度条件。这样的一些假设称为强度理论。强度理论的正确性必须经过生产实践来检验,而且,不同的强度理论有不同的适用条件。

这里主要介绍四种常用的强度理论,这些强度理论适用于常温、静荷载下、连续、均匀、各向同性的材料。

8.6.2 常用的四种强度理论

1. 最大拉应力理论(第一强度理论)

这种理论认为材料断裂破坏主要是由最大拉应力 σ_1 引起的。即无论应力状态如何,只要最大拉应力 σ_1 达到其极限值 σ_u,材料即发生断裂破坏。σ_u 是材料单向拉伸试验至断裂破坏时,最大拉应力 σ_1 达到的最大值,即材料的强度极限 σ_b。材料破坏条件可写为

$$\sigma_1 = \sigma_b$$

故强度条件表达式为

$$\sigma_1 \leq [\sigma] \tag{8-14}$$

式中,$[\sigma] = \dfrac{\sigma_b}{n}$ 为许用应力,其中 n 是安全系数。

试验证明,该强度理论较好地解释了石料、铸铁等脆性材料沿最大拉应力所在截面发生断裂的现象,而对于单向受压或三向受压等没有拉应力的情况则不适合。

缺点:未考虑其他两个主应力。

使用范围:适用脆性材料受拉。如铸铁拉伸、扭转等。

2. 最大伸长线应变理论(第二强度理论)

这种理论认为材料断裂破坏主要是由最大伸长线应变引起的。即无论应力状态如何,只要最大伸长线应变 ε_1 达到其极限值 ε_u,材料即发生断裂破坏。ε_u 是材料单向拉伸试验至断裂破坏时,最大伸长线应变 ε_1 达到的最大值。设材料断裂前线应变一直很小,胡克定律仍适用,故有

$$\varepsilon_1 = \frac{1}{E}[\sigma_1 - \mu(\sigma_2 + \sigma_3)] \text{ 和 } \varepsilon_u = \frac{\sigma_b}{E}$$

式中,σ_b 是材料单向拉伸试验测定的强度极限。

材料破坏条件可写为

$$\sigma_1 - \mu(\sigma_2 + \sigma_3) = \sigma_b$$

故强度条件表达式为

$$\sigma_1 - \mu(\sigma_2 + \sigma_3) \leq [\sigma] \tag{8-15}$$

试验证明,该强度理论可以较好地解释石料、混凝土等脆性材料受轴向拉伸时,沿横截面发生断裂的现象。但是,其试验结果只与很少的材料吻合,因此已经很少使用。

缺点:不能广泛解释脆断破坏一般规律。

使用范围:适用于石料、混凝土等轴向受压的情况。

观察式(8-15),在形式上,它是将主应力的某种组合与许用应力进行比较。在强度计算中,通常将这种组合称为相当应力,并记为 σ_r。第二强度理论的相当应力为

$$\sigma_{r2} = \sigma_1 - \mu(\sigma_2 + \sigma_3)$$

而第一强度理论的相当应力即为

$$\sigma_{r1} = \sigma_1$$

3. 最大切应力理论(第三强度理论)

这种理论认为材料屈服破坏主要是由最大切应力引起的。即无论应力状态如何,只要最大切应力 τ_{max} 达到其极限值 τ_u,材料即发生屈服破坏。τ_u 是材料单向拉伸试验至屈服破坏时,最大切应力 τ_{max} 达到的最大值。根据 $\tau_{max} = (\sigma_1 - \sigma_3)/2$ 和 $\tau_u = (\sigma_s - 0)/2 = \sigma_s/2$ 可知,材料破坏条件可写为

$$\sigma_1 - \sigma_3 = \sigma_s$$

式中,σ_s 是材料单向拉伸试验至屈服破坏时,拉应力 σ_1 达到的最大值,即材料的屈服极限。

故强度条件表达式为

$$\sigma_1 - \sigma_3 \leq [\sigma] \tag{8-16}$$

试验证明,这一理论可以较好地解释塑性材料出现塑性变形的现象。但是,由于没有考虑 σ_2 的影响,故按这一理论设计的构件偏于安全。

缺点:无 σ_2 影响。

使用范围:适用于塑性材料的一般情况。

其形式简单,概念明确,适用范围广。但理论结果较实际偏安全。

第三强度理论的相当应力为

$$\sigma_{r3} = \sigma_1 - \sigma_3$$

4. 形状改变比能理论(第四强度理论)

这种理论认为材料屈服破坏主要是由形状改变比能引起的。即无论应力状态如何，只要形状改变比能 v_α 达到其极限值 v_u，材料即发生屈服破坏。v_u 是材料单向拉伸试验至屈服破坏时，形状改变比能 v_α 达到的最大值。于是有

$$v_\alpha = \frac{1+\mu}{6E}[(\sigma_1-\sigma_2)^2 + (\sigma_2-\sigma_3)^2 + (\sigma_3-\sigma_1)^2]$$

和

$$(v_\alpha)_u = \frac{1+\mu}{6E}(2\sigma_s)^2$$

式中，σ_s 是材料单向拉伸试验测定的屈服极限。材料破坏条件可写为

$$\sqrt{\frac{1}{2}[(\sigma_1-\sigma_2)^2 + (\sigma_2-\sigma_3)^2 + (\sigma_3-\sigma_1)^2]} = \sigma_s$$

故强度条件表达式为

$$\sqrt{\frac{1}{2}[(\sigma_1-\sigma_2)^2 + (\sigma_2-\sigma_3)^2 + (\sigma_3-\sigma_1)^2]} \leq [\sigma] \tag{8-17}$$

根据几种材料(钢、铜、铝)的薄管试验资料可知，形状改变比能理论比第三强度理论更符合试验结果。在纯剪切的情况下，按第三强度理论和第四强度理论的计算结果差别最大，这时，由第四强度理论的屈服条件得出的结果比第三强度理论的计算结果大15%左右。

第四强度理论的相当应力为

$$\sigma_{r4} = \sqrt{\frac{1}{2}[(\sigma_1-\sigma_2)^2 + (\sigma_2-\sigma_3)^2 + (\sigma_3-\sigma_1)^2]}$$

以上四种强度理论的强度条件式(8-14)~式(8-17)可统一写为如下形式：

$$\sigma_r \leq [\sigma] \tag{8-18}$$

上述四个强度理论可分为两类：一类是适用于铸铁、石料、混凝土、玻璃等脆性材料断裂破坏的强度理论，包括最大拉应力理论和最大伸长线应变理论；另一类是适用于碳钢、铜、铝等塑性材料屈服破坏的强度理论，包括最大切应力理论和形状改变比能理论。

还应该指出，不同材料固然可以发生不同形式的失效，但即使是同一材料，在不同应力状态下也可能发生不同形式的失效。破坏形式还与温度、变形速度等有关。

应用强度理论，可对复杂应力状态下的构件进行强度计算。强度计算的步骤如下：

(1)外力分析。确定所需的外力值。

(2)内力分析。画内力图，确定可能的危险截面。

(3)应力分析。画危险截面应力分布图，确定危险点并画出单元体，求主应力。

(4)强度分析。选择适当的强度理论，计算相当应力，然后进行强度计算。

需要强调的是，简单变形时，一律使用与其对应的强度准则。如轴向拉伸和压缩，都用下式表示：

$$\sigma_{max} = \frac{F_N}{A} \leq [\sigma]$$

例 8-5 已知铸铁构件上危险点的应力状态如图 8-12 所示，若铸铁拉伸许用应力 $[\sigma] = 30\text{MPa}$，试校核该点处的强度。

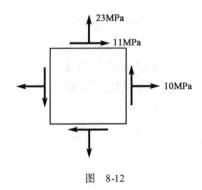

图 8-12

解:(1)计算主应力。

由图 8-12 可知

$$\sigma_x = 10\text{MPa}, \sigma_y = 23\text{MPa}, \tau_{xy} = -11\text{MPa}$$

对于此平面应力状态,可算得非零主应力值为

$$\sigma' = \frac{\sigma_x + \sigma_y}{2} + \sqrt{\left(\frac{\sigma_x - \sigma_y}{2}\right) + \tau_{xy}^2} = \frac{10 + 23}{2} + \sqrt{\left(\frac{10 - 23}{2}\right)^2 + 11^2} \approx 29.3(\text{MPa})$$

$$\sigma'' = \frac{\sigma_x + \sigma_y}{2} - \sqrt{\left(\frac{\sigma_x - \sigma_y}{2}\right) + \tau_{xy}^2} = \frac{10 + 23}{2} - \sqrt{\left(\frac{10 - 23}{2}\right)^2 + 11^2} \approx 3.7(\text{MPa})$$

(2)确定主应力。

由于是平面应力状态,有一个主应力为零,所以三个主应力分别为

$$\sigma_1 = 29.3\text{MPa}, \sigma_2 = 3.7\text{MPa}, \sigma_3 = 0$$

(3)由于是脆性材料,且为二向拉伸应力状态,所以采用最大拉应力理论,有

$$\sigma_{r1} = \sigma_1 = 29.3\text{MPa} < [\sigma]^+ = 30\text{MPa}$$

故此危险点的强度是足够的。

本章小结

本章主要内容如下。

(1)一点的应力状态

在一般受力情况下,构件内各点处的应力一般是不相同的,即使是同一点,不同方位面上的应力一般也是不同的。所谓"一点的应力状态"就是指过一点各个方位截面上应力的变化规律。单元体三对相互垂直平面上的应力就代表了这一点的应力状态。

(2)平面应力状态

当有一个主应力为零时,此时单元体就成为平面应力状态。一般已知单元体上相互垂直的两个平面上的应力,根据解析法公式可以求任意斜截面上的应力。有

$$\sigma_\alpha = \frac{\sigma_x + \sigma_y}{2} + \frac{\sigma_x - \sigma_y}{2}\cos2\alpha - \tau_{xy}\sin2\alpha$$

$$\tau_\alpha = \frac{\sigma_x - \sigma_y}{2}\sin2\alpha + \tau_{xy}\cos2\alpha$$

也可以利用应力圆来求任意斜截面上的应力,只要根据 xy 平面的应力作出应力圆,再根据点面对应关系,在应力圆上确定所求截面的点,然后根据该点的坐标值即可计算出该斜截面上的应力。

利用解析法和图解法也可计算出主应力,并确定主平面位置。

主应力

$$\left.\begin{array}{c}\sigma_{\max}\\ \sigma_{\min}\end{array}\right\} = \frac{\sigma_x + \sigma_y}{2} \pm \sqrt{\left(\frac{\sigma_x - \sigma_y}{2}\right)^2 + \tau_{xy}^2}$$

主平面方位

$$\tan 2\alpha_0 = -\frac{2\tau_{xy}}{\sigma_x - \sigma_y}$$

(3)广义胡克定律

广义胡克定律建立了单元体中应力与应变之间的关系,利用这种关系,可以已知应力求应变,也可以已知应变求应力。

(4)强度理论的概念

强度理论是关于材料失效现象主要原因的假设。即认为不论是简单应力状态还是复杂应力状态,材料某一类型的破坏是由于某一种因素引起的。据此,可以利用简单应力状态的试验结果,来建立复杂应力状态的强度条件。

(5)常用的四种强度理论及相当应力

$$\sigma_{r1} = \sigma_1 \leqslant [\sigma]$$

$$\sigma_{r2} = \sigma_1 - \mu(\sigma_2 + \sigma_3) \leqslant [\sigma]$$

$$\sigma_{r3} = \sigma_1 - \sigma_3 \leqslant [\sigma]$$

$$\sigma_{r4} = \sqrt{\frac{1}{2}[(\sigma_1 - \sigma_2)^2 + (\sigma_2 - \sigma_3)^2 + (\sigma_3 - \sigma_1)^2]} \leqslant [\sigma]$$

习题

8-1 已知各单元体的应力情况如题 8-1 图所示,试用解析法和图解法确定斜截面 α 上的正应力 σ_α 与切应力 τ_α。

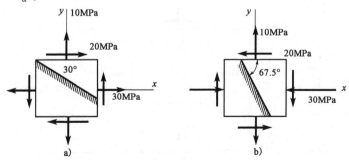

题 8-1 图

8-2 已知各单元体的应力情况如题 8-2 图所示,试确定单元体主应力的大小及主应力所在截面的方位,并将结果在图中画出。

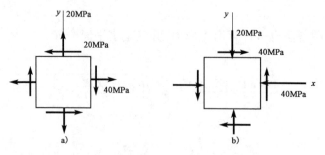

题 8-2 图

8-3 单元体各面的应力情况如题 8-3 图所示,试确定各单元体的主应力及最大切应力。

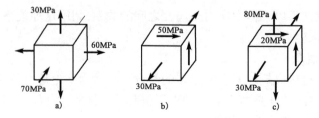

题 8-3 图

8-4 各强度理论的基本观点是什么?各适用于何种情况?

8-5 某钢制构件危险点单元体的应力情况如题 8-5 图所示,材料的许用应力 $[\sigma]$ = 160MPa。试用第三强度理论进行强度校核。

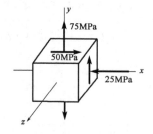

题 8-5 图

8-6 已知铸铁构件内危险点处的应力如题 8-6 图所示,铸铁的许用拉应力 $[\sigma]$ = 30MPa,按第一强度理论校核零件的强度是否安全。

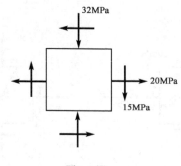

题 8-6 图

第9章
组合变形

9.1 工程中的组合变形实例

前面几章分别讨论了杆件轴向拉伸和压缩、剪切、扭转和弯曲等基本变形情况下的强度和刚度计算。本章将进一步讨论两种或两种以上基本变形的组合情况。这类组合变形如厂房中吊车立柱以及电机转轴的受力等(图9-1)。

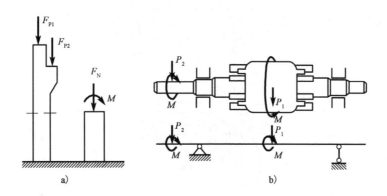

图 9-1

研究组合变形的强度问题时,需要计算杆件在横截面上的应力。为此,先用截面法分析截面上的内力(轴力 F_N、剪力 F_Q、扭矩 T 和弯矩 M),每一种内力只对应一种基本变形。在小变形的前提下,每一种基本变形是各自独立、互不影响的。这样,就可以分别计算在各种基本变形下横截面上的应力,然后叠加得到杆件在原来的荷载作用下该横截面上的应力。这种研究方法的依据是叠加原理。最后,进一步分析危险点处的应力状态,从而进行强度计算。

本章将讨论工程中常见的几种组合变形问题,即:①斜弯曲;②弯扭组合;③弯拉(压)扭组合;④偏心拉(压)组合等。

9.2 斜 弯 曲

前文在讨论梁的平面弯曲问题时曾指出,只要横向外力作用平面通过横截面弯曲中心的连线,并重合或平行于杆件的任一形心主惯性平面时,梁变形后的轴线仍位于外力所在的平面内;当横向外力作用平面只通过梁横截面的弯曲中心连线,而不与梁的形心主惯性平面重合或平行时,梁变形后的挠曲线不再位于外力作用平面内,这种弯曲称为**斜弯曲**,如图 9-2 所示。

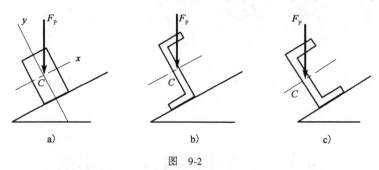

图 9-2

现以矩形截面的悬臂梁[图 9-3a)]为例说明斜弯曲时应力和变形的具体计算方法。设在自由端作用一个垂直于轴线的集中力 F_P,其作用线通过截面形心(截面弯曲中心),并与截面形心主轴 y 轴的夹角为 φ。

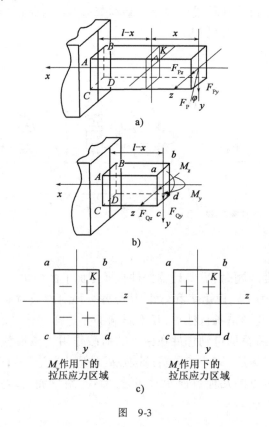

图 9-3

首先把外力分解为沿截面形心主轴（y、z 方向）的两个分力
$$F_{Py} = F_P\cos\varphi, F_{Pz} = F_P\sin\varphi$$

由图 9-3a）可知，F_{Py} 将使梁在 xy 平面内发生平面弯曲，F_{Pz} 将使梁在 xz 平面内发生平面弯曲。因此，斜弯曲可视为两个相互垂直平面内的平面弯曲的组合。

与平面弯曲类似，斜弯曲梁的横截面上的内力只有剪力和弯矩。但在一般情况下，斜弯曲梁的强度是由弯矩所引起的最大正应力来控制的。因此，在应力计算时，通常只考虑弯矩引起的正应力，而不计剪力引起的切应力，故内力只计算弯矩。

在距自由端 x 的横截面上二分力 F_{Py} 和 F_{Pz} 单独引起的弯矩（绝对值）为
$$M_z = F_{Py}x = F_P x\cos\varphi = M\cos\varphi$$
$$M_y = F_{Pz}x = F_P x\sin\varphi = M\sin\varphi$$

式中，$M = F_P x$，是集中力 F_P 在距自由端为 x 的横截面上引起的总弯矩。

距自由端 x 的横截面上任一点 K 的正应力 σ 等于 M_z、M_y 分别在 K 点引起的正应力 σ_{M_z}、σ_{M_y} 的代数和叠加，即

$$\sigma = \sigma_{M_z} + \sigma_{M_y} = \frac{M_z y}{I_z} + \frac{M_y z}{I_y} = M\left(\frac{y\cos\varphi}{I_z} + \frac{z\sin\varphi}{I_y}\right) \tag{9-1}$$

式中，I_z 和 I_y 分别为横截面对形心主轴 z 和 y 的惯性矩。K 点正应力 σ_{M_z} 和 σ_{M_y} 的正负，可通过平面弯曲的变形情况直接判断，拉应力为正，压应力为负，如图 9-3c）所示。

为了对该等直梁进行强度计算，需求出最大正应力 σ_{max}，而 σ_{max} 总发生在最大弯矩 M_{max} 截面上离中性轴最远处，为此，应先求出中性轴的位置，才能确定 σ_{max} 所在的危险点。

由于中性轴上各点的正应力为零，设（y_0, z_0）代表中性轴上任一点的坐标，将其代入式（9-1），并令 $\sigma = 0$，可得中性轴的方程

$$M\left(\frac{y_0\cos\varphi}{I_z} + \frac{z_0\sin\varphi}{I_y}\right) = 0$$

即

$$\frac{\cos\varphi}{I_z}y_0 + \frac{\sin\varphi}{I_y}z_0 = 0 \tag{9-2}$$

由式（9-2）可知，中性轴是通过截面形心（$y_0 = 0, z_0 = 0$）的一条直线，只要确定了它的斜率（或它与 z 轴的夹角，设为 α），即可确定中性轴的位置。由图 9-3a）和式（9-2）可知

$$\tan\alpha = \left|\frac{y_0}{z_0}\right| = \frac{I_z}{I_y}\tan\varphi \tag{9-3}$$

式（9-3）说明了以下 3 点：

（1）中性轴的位置与外力的大小无关，只和外力 F_P 与 y 轴的夹角 φ 及截面的几何形状和尺寸有关。

（2）在一般情况下，梁横截面的两个形心主惯性矩并不相等，$I_z \neq I_y$，进而 $\alpha \neq \varphi$，即中性轴与外力作用平面不垂直。

（3）当截面为圆形、正方形或正多边形时，所有通过形心的轴都是惯性主轴，$I_z = I_y$，则 $\alpha = \varphi$，即中性轴与外力作用平面垂直。此时，无论外力作用在哪个平面内，梁只能产生平面弯曲，不会发生斜弯曲。

中性轴位置确定以后，截面上的应力分布可由图 9-4a）表示。

为进行强度计算,事先要确定危险截面(最大弯矩所在截面)和危险截面上的危险点(距中性轴最远的点)的位置。对于图9-3a)所示悬臂梁,固定端截面(两个方向上的弯矩值都最大)就是危险截面。在该危险截面上,由 M_z 产生的最大拉应力发生在 ab 边线上,由 M_y 产生的最大拉应力发生在 bd 边线上,如图9-3c)所示。可见,组合后的最大拉应力 σ_{tmax} 发生在 b 点。同理,最大压应力 σ_{cmax} 将发生在 c 点,b、c 两点均为危险点,且该两点处于单向应力状态。于是,斜弯曲时的强度条件可表示为

$$\sigma_{max} = \frac{M_{zmax}}{W_z} + \frac{M_{ymax}}{W_y} \leq [\sigma] \tag{9-4}$$

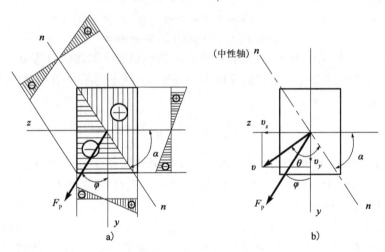

图 9-4

式(9-4)为材料的拉压许用应力相同的情况,若拉压许用应力不等,即 $[\sigma_t] \neq [\sigma_c]$,则应分别建立强度条件,即

$$\sigma_{tmax} \leq [\sigma_t], \sigma_{cmax} \leq [\sigma_c]$$

根据上面的强度条件,可以对梁进行强度计算(包括强度校核、设计截面尺寸、许可荷载计算等)。只是在设计截面尺寸时,会有 W_z 和 W_y 两个未知量。通常需先预设一个 W_z/W_y 的比值,然后利用逐次渐近法求出 W_y 和 W_z 的数值。对于矩形截面,通常取 $W_z/W_y = h/b = 1.2 \sim 2.0$;对于工字形截面,通常取 $W_z/W_y = 5 \sim 15$;对于槽形截面,通常取 $W_z/W_y = 6 \sim 8$。

必须指出,式(9-4)所示的是两个方向上的弯矩最大值在同一截面上的情形,若 M_{zmax} 与 M_{ymax} 不在同一截面上,请读者自己思考。

斜弯曲梁的挠度计算,也可按叠加原理进行,现求图9-3a)所示悬臂梁的自由端挠度。将集中力 F_P 分解为 F_{Py} 和 F_{Pz} 后,分别计算梁在 xz 平面和 xy 平面内的自由端的挠度,有

$$v_y = \frac{F_{Py}l^3}{3EI_z} = \frac{F_P l^3}{3EI_z}\cos\varphi$$

$$v_z = \frac{F_{Pz}l^3}{3EI_y} = \frac{F_P l^3}{3EI_y}\sin\varphi$$

梁自由端在 F_P 作用下引起的总挠度 v 为 v_y 与 v_z 的矢量和,如图9-4b)所示,有

$$v = \sqrt{v_y^2 + v_z^2}$$

其方向(设总挠度 v 与 y 轴的夹角为 θ)为

$$\tan\theta = \frac{v_z}{v_y} = \frac{I_z \sin\varphi}{I_y \cos\varphi} = \frac{I_z}{I_y}\tan\varphi = \tan\alpha$$

即

$$\theta = \alpha$$

可见挠度 y 的方向总是垂直于中性轴。而一般情况下，$I_z \neq I_y$，即 $\alpha \neq \varphi$，挠曲线平面与载荷作用平面不重合，这就是斜弯曲与平面弯曲的本质区别。

如果截面的形心主惯性矩 $I_z > I_y$，则 xy 平面为最大刚度平面，xz 为最小刚度平面，这时 $\alpha > \varphi$。对于狭长截面（$I_z >> I_y$），若载荷方向稍稍偏离 y 轴（φ 很小），将会在最小刚度平面 xz 内产生很大的挠度 y_z。因此，应当避免选用 I_z 与 I_y 值相差很大的截面来承受斜弯曲。

例 9-1 如图 9-5 所示，跨长为 $L = 4\text{m}$ 的简支梁，用 32a 号工字钢制成。作用在梁跨中点处的集中力 $P = 33\text{kN}$，力 P 的作用线与横截面铅垂对称轴间的夹角为 $\varphi = 15°$，而且通过截面的弯曲中心。已知钢的许用应力为 $[\sigma] = 170\text{MPa}$。试按正应力强度条件校核此梁的强度。

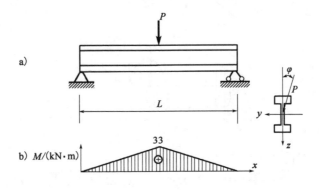

图 9-5

解：作梁的弯矩图如图 9-5b) 所示。在梁跨中点处的截面是危险截面，该截面上的弯矩值为

$$M_{\max} = \frac{PL}{4} = 33(\text{kN} \cdot \text{m})$$

它在两个形心主惯性平面 xy 和 xz 内的分量分别为

$$M_{y\max} = M_{\max}\cos\varphi = 31900(\text{N} \cdot \text{m})$$
$$M_{z\max} = M_{\max}\sin\varphi = 8540(\text{N} \cdot \text{m})$$

从附录 B 型钢规格表中查得 32a 号工字钢的抗弯截面模量 W_y 和 W_z 分别为

$$W_y = 692 \times 10^{-6}\text{m}^3$$
$$W_z = 70.8 \times 10^{-6}\text{m}^3$$

将以上数据代入式(9-4)，可得危险点处最大正应力为

$$\sigma_{\max} = \frac{M_{y\max}}{W_y} + \frac{M_{z\max}}{W_z} = \frac{31900}{692 \times 10^{-6}} + \frac{8540}{70.8 \times 10^{-6}}$$

$$\approx 167 \times 10^6(\text{Pa}) = 167(\text{MPa}) < [\sigma] = 170\text{MPa}$$

所以，此梁的弯曲正应力满足强度要求。

9.3 弯扭组合变形

一般机械传动轴大多同时受到扭转力偶和横向力的作用,因此会发生扭转与弯曲的组合变形。如图 9-6 所示,现以圆截面的钢制摇臂轴为例,说明发生扭转与弯曲组合变形时的强度计算方法。

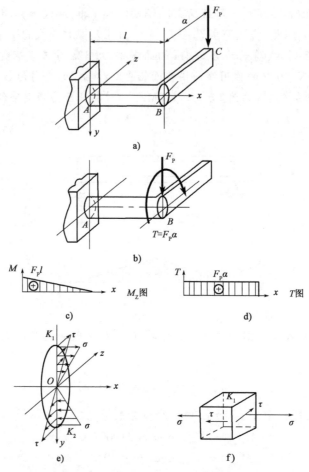

图 9-6

如图 9-6a)所示,AB 轴的直径为 d,A 端为固定端,在手柄的 C 端作用有铅垂向下的集中力 F_P。将外力 F_P 向截面 B 的形心简化,得 AB 轴的计算简图,如图 9-6b)所示。横向力 F_P 使轴发生平面弯曲,而力偶矩 $T = F_P a$ 使轴发生扭转。作 AB 轴的弯矩图和扭矩图,如图 9-6c)、d)所示,可见,固定端截面为危险截面,其上的内力(弯矩 M_z 和扭矩 T)分别为

$$M_z = F_P l, \quad T = F_P a$$

画出固定端截面上的弯曲正应力和扭转切应力的分布图,如图 9-6e)所示,固定端截面上的 K_1 和 K_2 点为危险点,其应力为

$$\sigma = \frac{M_z}{W_z} \tag{9-5a}$$

$$\tau = \frac{T}{W_\mathrm{P}} \tag{9-5b}$$

式中，$W_z = \dfrac{\pi d^3}{32}$，$W_\mathrm{P} = \dfrac{\pi d^3}{16}$，分别为圆轴的抗弯和抗扭截面模量。因为圆轴的任一直径都是惯性主轴，抗弯截面模量都相同（$W = W_z = W_y$），故均用 W 表示。K_1 点的单元体如图 9-6f) 所示。

危险点 K_1（或 K_2）处于二向应力状态，其主应力为

$$\begin{cases} \sigma_1 = \dfrac{\sigma}{2} + \sqrt{\left(\dfrac{\sigma}{2}\right)^2 + \tau^2} \\ \sigma_2 = 0 \\ \sigma_3 = \dfrac{\sigma}{2} - \sqrt{\left(\dfrac{\sigma}{2}\right)^2 + \tau^2} \end{cases} \tag{9-5c}$$

如果图 9-6 中所示的 AB 轴为钢材或其他塑性材料，则在复杂应力状态下可以按第三或第四强度理论建立强度条件。

若采用第三强度理论，则轴的强度条件为

$$\sigma_{\mathrm{r}3} = \sigma_1 - \sigma_3 \leqslant [\sigma]$$

将式 (9-5c) 代入，得到用危险点 K_1（或 K_2）的正应力和切应力表示的强度条件为

$$\sigma_{\mathrm{r}3} = \sqrt{\sigma^2 + 4\tau^2} \leqslant [\sigma] \tag{9-6a}$$

将式 (9-5a) 和式 (9-5b) 中的 σ 和 τ 代入式 (9-6a)，并注意到圆截面的 $W_\mathrm{P} = 2W$，可得到用危险截面上的弯矩和扭矩表示的强度条件为

$$\sigma_{\mathrm{r}3} = \frac{1}{W}\sqrt{M^2 + T^2} \leqslant [\sigma] \tag{9-6b}$$

若采用第四强度理论，则轴的强度条件为

$$\sigma_{\mathrm{r}4} = \sqrt{\sigma^2 + 3\tau^2} \leqslant [\sigma] \tag{9-7a}$$

或

$$\sigma_{\mathrm{r}4} = \frac{1}{W}\sqrt{M^2 + 0.75T^2} \leqslant [\sigma] \tag{9-7b}$$

上面式 (9-6b) 和式 (9-7b) 中 M 应理解为危险截面处的组合弯矩，对于圆形截面构件，若同时存在 M_z 和 M_y，则组合弯矩为 $M = \sqrt{M_z^2 + M_y^2}$。

下面将利用这些理论，对承受弯扭组合变形的构件进行强度计算。

例 9-2 电机带动一圆轴 AB，圆轴中点处装有一个重 $P_1 = 5 \times 10^3 \mathrm{N}$，直径为 1.2m 的胶带轮，如图 9-7a) 所示，胶带紧边的张力 $P_2 = 6 \times 10^3 \mathrm{N}$，松边的张力 $P_3 = 3 \times 10^3 \mathrm{N}$。若轴的许用应力 $[\sigma] = 50\mathrm{MPa}$，按第三强度理论求轴的直径 d。

解： 将作用于轮子上的胶带张力 P_2、P_3 向轴线简化，如图 9-7b) 所示，则轴受铅垂方向的合力为

$$P = P_1 + P_2 + P_3 = 14 \times 10^3 (\mathrm{N}) = 14 (\mathrm{kN})$$

该力使轴发生弯曲变形。

同时，胶带张力又产生外力矩 T

$$T = P_2 \frac{D}{2} - P_3 \frac{D}{2} = 1.8 \times 10^3 (\mathrm{N} \cdot \mathrm{m})$$

该力矩使轴发生扭转变形,所以这是弯曲与扭转的组合。

根据外力 P 作弯矩图,如图 9-7c)所示。最大弯矩在轴的中点所在截面处,其值为

$$M = \frac{Pl}{4} = \frac{14 \times 10^3 \times 1.2}{4} = 4.2 \times 10^3 (\text{N} \cdot \text{m})$$

根据外力矩 T 作扭矩图,如图 9-7d)所示,有

$$T = -1.8 \times 10^3 \text{N} \cdot \text{m}$$

由此可见,轴的中点所在截面为危险截面。

按式(9-6b)即第三强度理论的强度条件有

$$\sigma_{r3} = \frac{1}{W} \sqrt{M^2 + T^2} \leq [\sigma]$$

代入各已知值,可得

$$\sigma_{r3} = \frac{1}{\frac{\pi d^3}{32}} \sqrt{M^2 + T^2} = \frac{32}{\pi d^3} \sqrt{4200^2 + 1800^2} \leq 50 \times 10^6 \text{Pa}$$

解得

$$d \geq 0.097\text{m} = 97\text{mm}$$

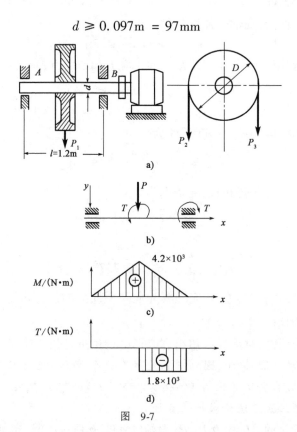

图 9-7

9.4 弯拉(压)扭组合变形

在讨论杆件的拉伸和压缩时,曾限制外力合力的作用线通过轴线(轴向拉伸和压缩);在讨论梁的弯曲时,各外力均垂直于梁轴线。但当梁受到横向力和轴向力共同作用时[图 9-1a)],

或外力的合力作用线不通过轴线时,杆件都将产生弯曲与拉伸(或压缩)的组合变形。当杆件受到空间力系作用时,在一般情况下,其危险截面上的内力可多达6个——3个力及3个力偶矩,这时须分清剪力和轴力、弯矩和扭矩,如图9-8所示截面上的各内力。在进行强度计算时,剪力的作用甚小,常可略去(即略去剪力F_{Qz}、F_{Qz}),此时内力为4个:轴力F_N,弯矩M_z、M_y,扭矩M_x。在这4个内力的作用下,杆件的变形属于弯拉(压)扭组合变形。下面结合实例说明弯拉(压)扭组合变形的强度计算方法。

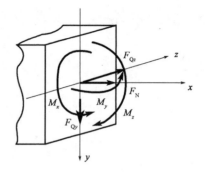

图 9-8

例9-3 圆轴受力如图9-9a)所示,已知轴的直径$d = 100$mm,$l = 1$m,材料的许用应力$[\sigma] = 100$MPa。试按第三强度理论进行强度校核。

解:(1)首先将各个外力向自由端截面的形心简化,如图9-9b)所示。结果如下:

轴力:$F_N = 100$kN

剪力:$F_{Qy} = T - S = 10(\text{kN})$

力偶矩:$m_x = T\dfrac{d}{2} = 5(\text{kN}\cdot\text{m})$

$m_y = P\dfrac{d}{2} = 5(\text{kN}\cdot\text{m})$

(2)绘内力图,如图9-9c)~f)所示。由内力图可知,危险截面在固定端处,其截面上内力有

轴力:$F_N = 100$kN

扭矩:$T = 5$kN·m

弯矩:$M_z = 10$kN·m,$M_y = 5$kN·m

合弯矩:$M = \sqrt{M_z^2 + M_y^2} \approx 11.2(\text{kN}\cdot\text{m})$

(3)轴力F_N引起的正应力σ_N在截面上是均匀分布的,扭矩T引起的切应力在截面的周边处最大,合弯矩M所引起的正应力也在截面的周边处最大,所以危险应力点应由合弯矩M确定。在截面上按右手法则用矢量表示M_z和M_y,利用平行四边形法则,得到合弯矩M矢量与z轴的夹角,如图9-9g)所示。

$$\tan\theta = \dfrac{M_y}{M_z} = \dfrac{5}{10} = 0.5$$

解得

$$\theta = 26.6°$$

由于圆截面的任一形心轴都是形心惯性主轴,所以圆轴只发生平面弯曲,即以OM为中性轴弯曲。作直径$EF \perp OM$,交圆周于E、F两点,则E点受拉,F点受压。由于轴力为拉力,故E点为危险截面上的危险点。取出该点处的单元体,应力状态如图9-9h)所示,其应力计算如下:

$$\tau = \dfrac{M_T}{W_P} = \dfrac{5\times 10^3}{\dfrac{\pi}{16}\times 0.1^3} \approx 25.5\times 10^6(\text{Pa}) = 25.5(\text{MPa})$$

$$\sigma = \sigma_N + \sigma_M = \frac{F_N}{A} + \frac{M}{W} = \frac{10^3}{\frac{\pi}{4} \times 0.1^2} + \frac{11.2 \times 10^3}{\frac{\pi}{32} \times 0.1^3} \approx 127 \times 10^6 (\text{Pa}) = 127 (\text{MPa})$$

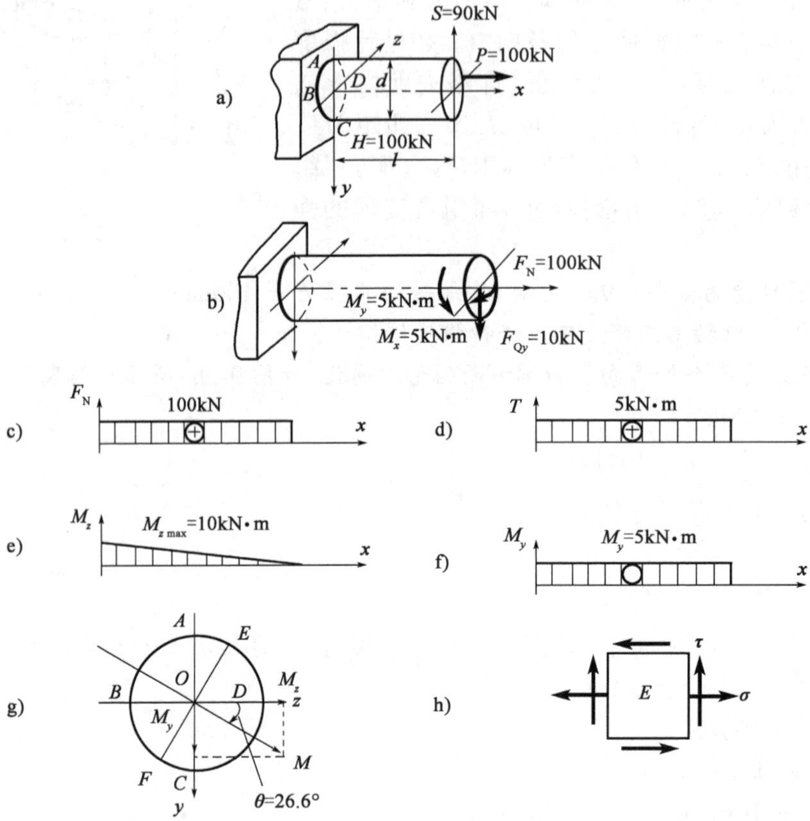

图 9-9

(4) 按第三强度理论对 E 点进行强度校核：

$$\sigma_{r3} = \sqrt{\sigma^2 + 4\tau^2} = \sqrt{127^2 + 4 \times 25.5^2} \approx 137 (\text{MPa}) \leq [\sigma] = 160 \text{MPa}$$

所以该杆的强度是足够的。

9.5 偏心拉(压)与截面核心

外力作用线与杆的轴线平行，但不重合时，杆件的变形称为**偏心拉压**。它是拉伸(压缩)弯曲的组合。现在以矩形截面柱为例，讨论偏心拉(压)时的强度计算。

取图 9-10 中柱的轴线为 x 轴，截面的形心主轴(即矩形截面的两根对称轴)为 y、z 轴。设偏心压力 F_P 作用在柱顶面上的 $E(e_y, e_z)$ 点，e_y、e_z 分别为压力 F_P 至 z 轴和 y 轴的偏心距。当 $e_y \neq 0$，$e_z \neq 0$ 时，称为双向偏心压缩；而当 e_y、e_z 之一为零时，称为单向偏心压缩。

将偏心压力 F_P 向顶面的形心 O 点简化，得到轴向压力 F_P 以及作用在 xy 平面内的附加力偶 $m_z = F_P e_y$ 和作用在 xz 平面内的附加力偶 $m_y = F_P e_z$，如图 9-10b)所示。

柱的任一横截面 ABCD 上的内力如下。

轴力：$F_N = -F_P$。

弯矩：$M_z = m_z = F_P e_y$。

弯矩：$M_y = m_y = F_P e_z$。

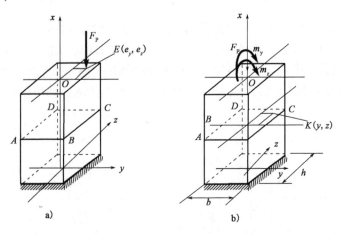

图 9-10

在截面 ABCD 上任一点 $K(y,z)$ 处，由以上三个内力产生的正应力（均为压应力）分别为

$$\sigma_{F_N} = \frac{F_N}{A} = -\frac{F_P}{A}, \sigma_{M_z} = -\frac{M_z y}{I_z}, \sigma_{M_y} = -\frac{M_y z}{I_y}$$

K 点的总应力用叠加法（代数和）求得：

$$\sigma_K = \sigma_{F_N} + \sigma_{M_z} + \sigma_{M_y} = -\frac{F_P}{A} - \frac{M_z y}{I_z} - \frac{M_y z}{I_y} \tag{9-8a}$$

或

$$\sigma_K = -\frac{F_P}{A} - \frac{F_P e_y y}{I_z} - \frac{F_P e_z z}{I_y} = -\frac{F_P}{A}\left(1 + \frac{e_y}{i_z^2}y + \frac{e_z}{i_y^2}z\right) \tag{9-8b}$$

式中，惯性半径 $i_z = \sqrt{\frac{I_z}{A}}, i_y = \sqrt{\frac{I_y}{A}}$。在计算时，式中的弯矩取绝对值代入。当偏心压力 F_P 通过截面的某一形心主轴 y 或 z 轴时，e_z 或 e_y 为零，此时即为单向偏心压缩。

从图 9-10b) 中可以看出，任一横截面（如截面 ABCD）上的角点 A 和 C 即为危险点。A 和 C 点的正应力分别是截面上的最大拉应力 σ_{tmax} 和最大压应力 σ_{cmax}。将 A 和 C 点的坐标代入式(9-8a)，得

$$\left.\begin{array}{r}\sigma_{tmax}\\ \sigma_{cmax}\end{array}\right\} = -\frac{F_P}{A} \pm \frac{M_z \cdot y_{max}}{I_z} \pm \frac{M_y \cdot z_{max}}{I_y} = -\frac{F_P}{A} \pm \frac{M_z}{W_z} \pm \frac{M_y}{W_y} \tag{9-8c}$$

因危险点 A、C 均处于单向应力状态，故强度条件为

$$\sigma_{tmax} \leq [\sigma_t] \text{ 和 } \sigma_{cmax} \leq [\sigma_c]$$

当杆的横截面没有凸角时，危险点的位置就不易直接观察确定。这时，首先需要确定中性轴的位置。可令 $\sigma = 0$，由式(9-8b)可得中性轴方程，即

$$1 + \frac{e_y}{i_z^2} \cdot y_0 + \frac{e_z}{i_y^2} \cdot z_0 = 0 \tag{9-8d}$$

式中的 (y_0, z_0) 为中性轴上任意点的坐标。由式(9-8d)可知,偏心拉压时,横截面上中性轴为一条不通过截面形心的直线。设 a_z 和 a_y 分别为中性轴在坐标轴上的截距,则由式(9-8d)可得

$$a_z = -\frac{i_y^2}{e_z}, a_y = -\frac{i_z^2}{e_y} \tag{9-8e}$$

式(9-8e)表明,a_y 与 e_y、a_z 与 e_z 总是符号相反,所以中性轴 n—n 与外力作用点 E 的投影点分别位于截面形心的相对两边,在周边上作平行于中性轴的切线,切点 A_1 和 A_2 是截面上距中性轴最远的两点,故为危险点[图9-11b)]。对于有凸角的对称截面,角点 A 和 C 就是危险点,如图9-11a)中的角点 A 和 C。将 A 点和 C 点的坐标代入式(9-8a)即可求得横截面上数值最大的拉、压应力。

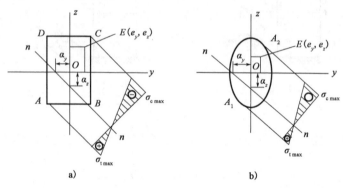

图 9-11

从图9-11中的正应力分布图可见,在一般情况下,中性轴将截面分成拉伸和压缩两个区域。工程上常用的砖石、混凝土、铸铁等脆性材料的抗压性能好而抗拉性能差,对于用这些材料制成的偏心受压杆,应避免截面上出现拉应力。为此,要对偏心距(即偏心力作用点到截面形心的距离)的大小加以限制。由式(9-8e)可知,中性轴在坐标轴上的截距与外力作用点的坐标值呈反比,因此,外力作用点离形心越近,中性轴离形心就越远。当偏心外力作用在截面形心周围一个小区域内,而对应的中性轴与截面周边相切或位于截面之外时,整个横截面上就只有压应力而无拉应力。这个围绕截面形心的特定小区域称为**截面核心**。图9-12中的阴影区域即为圆形和矩形的截面核心。由截面核心的定义可知,当偏心力的作用点位于截面核心边界的确定方法是:以截面周边上若干点的切线作为中性轴,算出其在坐标轴上的截距,然后利用式(9-8e)求出各中性轴所对应的外力作用点的坐标,顺序连接所求得的各外力作用点,可以得到一条围绕截面形心的封闭曲线,它所包围的区域就是截面核心。

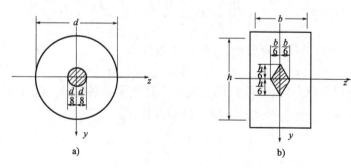

图 9-12

例 9-4 矩形截面柱如图 9-13a)所示。P_1 的作用线与杆轴线重合,P_2 作用在 y 轴上,如图 9-13b)所示。已知,$P_1 = P_2 = 80\text{kN}$,$b = 24\text{cm}$,$h = 30\text{cm}$。如要使柱的 m—m 截面只出现压应力,求 P_2 的偏心距 e。

解:(1)将力 P_2 向截面形心简化,如图 9-13c)所示,梁上的外力有:

轴向压力
$$P = P_1 + P_2$$

力偶矩
$$m_z = P_2 e$$

(2) m—m 横截面上的内力有

轴力
$$F_N = P$$

弯矩
$$M_z = P_2 e$$

轴力产生的压应力
$$\sigma' = -\frac{P}{A} = -\frac{P_1 + P_2}{A}$$

弯矩产生的最大正应力
$$\sigma'' = \pm \frac{M_z}{W_z} = \pm \frac{P_2 e}{bh^2/6}$$

(3) 横截面上不产生拉应力的条件为

$$\sigma_t = -\frac{P_1 + P_2}{A} + \frac{P_2 e}{\frac{bh^2}{6}} = -\frac{(80 + 80) \times 10^3}{0.24 \times 0.30} + \frac{80 \times 10^3 \times e}{\frac{0.24 \times 0.30^2}{6}} \leq 0$$

解得
$$e \leq 10\text{cm}$$

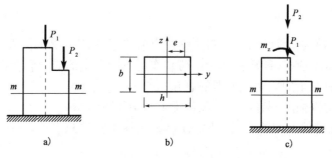

图 9-13

例 9-5 如图 9-14a)所示,正方形截面立柱的中间处开一个槽,使截面面积为原来截面面积的一半。问:开槽后立柱的最大压应力是原来的几倍?

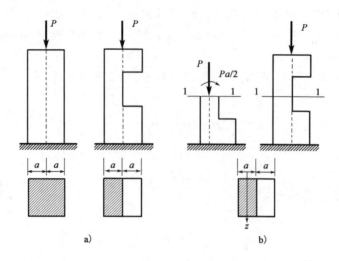

图 9-14

解：未开槽前立柱为轴向压缩，有

$$\sigma' = \frac{F_N}{A} = \frac{P}{A} = \frac{P}{(2a)^2} = \frac{P}{4a^2}$$

如图 9-14b)所示，开槽后 1—1 截面是危险截面，危险截面为偏心压缩。将力 P 向 1—1 形心简化后可得

$$\sigma'' = \frac{F_N}{A} + \frac{M}{W} = \frac{P}{2a \cdot a} + \frac{\dfrac{Pa}{2}}{\dfrac{1}{6} 2a \cdot a^2} = \frac{2P}{a^2}$$

于是可得

$$\frac{开槽后立柱的最大压应力}{未开槽前立柱的最大压应力} = \frac{\dfrac{2P}{a^2}}{\dfrac{P}{4a^2}} = 8$$

本章小结

组合变形时的构件强度计算，是材料力学中具有广泛实用意义的问题。它的计算是以力作用的叠加原理为基本前提，即构件在全部荷载作用下所发生的应力和变形，等于构件在每一个荷载单独作用时所发生的应力或变形的总和。

分析组合变形构件强度问题的方法和步骤可归纳如下：

(1) 分析作用在构件上的外力，将外力分解成几种使杆件只产生单一的基本变形时的受力情况。

(2) 作出构件在各种基本变形情况下的内力图，并确定危险截面及其上的内力值。

(3) 通过对危险截面上的应力分布规律进行分析，确定危险点的位置，并明确危险点的应力状态。

（4）若危险点为单向应力状态，则可按基本变形时的情况建立强度条件；若为复杂应力状态，则应由相应的强度理论进行强度计算。

习题

9-1 矩形截面悬臂梁承受的荷载如题9-1图所示，已知材料的许用应力$[\sigma] = 12\text{MPa}$，试求矩形截面的尺寸b、h(设$h = 2b$)。

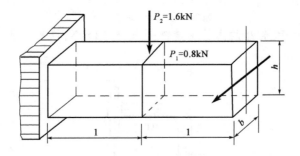

题9-1图 （尺寸单位：m）

9-2 矩形截面悬臂梁受力如题9-2图所示，求梁的$\sigma_{\max}$。

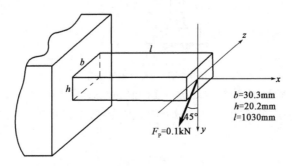

题9-2图

9-3 圆轴受力如题9-3图所示。已知轴为钢材，$[\sigma] = 100\text{MPa}$，$F_P = 8\text{kN}$，$m = 3\text{kN}\cdot\text{m}$。用第三强度理论求轴的最小直径$d$。

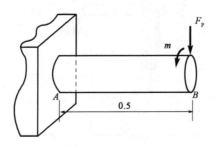

题9-3图 （尺寸单位：m）

9-4 圆截面水平直角折杆如题9-4图所示,直径 $d = 6\text{cm}, q = 0.8\text{kN}, [\sigma] = 80\text{MPa}$。试用第三强度理论校核其强度。

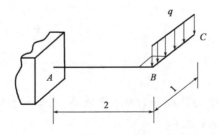

题9-4图 （尺寸单位:m）

9-5 如题9-5图所示,钻床的立柱由铸铁制成,$P = 15\text{kN}$,许用拉应力 $[\sigma_t] = 35\text{MPa}$,试确定立柱所需的直径 d。

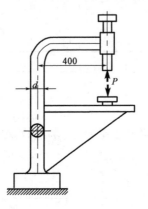

题9-5图 （尺寸单位:mm）

9-6 如题9-6图所示,传动轴转速 $n = 110\text{r/min}$,传递功率 $P = 11\text{kW}$,皮带的紧边张力为其松边张力的3倍。若许用应力 $[\sigma] = 70\text{MPa}$,试按第三强度理论确定该传动轴外伸段的许可长度 l。

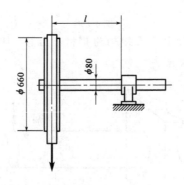

题9-6图

第10章 压杆稳定

10.1 压杆稳定的概念

当受拉(压)杆件的应力达到屈服极限或强度极限时,将引起塑性变形或断裂。这些都是由于强度不足引起的失效。细长杆件受压时,却表现出与强度失效全然不同的性质。例如一根细长的竹片受压时,开始轴线为直线,接着必然是被压弯,发生颇大的弯曲变形,最后被折断。与此类似,工程结构中也有很多受压的细长杆。在外载荷作用下的构件,除因工作应力过大而发生破坏,或因变形过大而不能正常工作外,还可能因不能保持其原有平衡形式的稳定性而发生破坏。

现以图10-1所示两端铰支的细长压杆为例说明这类问题。设有细长直杆受轴向压力 F 作用,压力与杆件轴线重合,如图10-1a)所示。当压力逐渐增加,但小于某一极限值时,杆件一直保持直线形状的平衡,即使用微小的侧向干扰力使其暂时发生轻微弯曲[图10-1b)],干扰力解除后,它仍将恢复成直线形状[图10-1c)]。这表明直线形状时压杆的平衡是稳定的。当压力逐渐增加到某一极限时,压杆的直线平衡变为不稳定,这时如再用微小的侧向干扰力使其发生轻微弯曲,干扰力解除后,它将保持曲线形状的平衡而不能恢复至直线形状[图10-1d)]。上述压力的极限值称为**临界压力**或**临界力**,记为 F_{cr}。

压杆丧失其直线形状的平衡而过渡为曲线平衡,称为**丧失稳定**,简称失稳。

杆件失稳后,压力的微小增加将引起弯曲变形的显著增大,杆件已丧失了承载能力。这是因失稳造成的失效,可以导致整个结构的损坏。但细长压杆失稳时,应力并不一定很高,有时甚至低于比例极限。可见这种形式的失效并非由于强度不足,而是稳定性不够。在工程建设中,由于对压杆稳定问题没有给予足够的重视或设计不合理,曾发生多起严重的工程事故。例如1907年,北美洲魁北克的圣劳伦斯河上一座跨度为548m的钢桥正在修建时,由于压杆失稳,造成了全桥突然坍塌的严重事故。又如在19世纪末,瑞士的一座铁桥,当一辆客车通过时,桥梁桁架中的压杆失稳,致使桥梁发生灾难性坍塌,多人遇难。

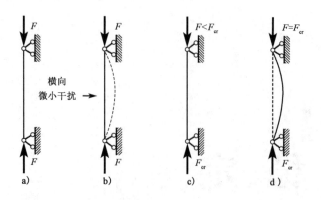

图 10-1

除了压杆以外,还有许多其他形式的构件也同样存在稳定性问题,如薄壁球形容器在径向压力作用下的变形[图 10-2a)];狭长梁在弯曲时的侧弯失稳[图 10-2b)];两铰拱在竖向载荷作用下变为虚线所示形状而失稳[图 10-2c)]等。本章只研究压杆的稳定性问题,它也是其他形状构件稳定性分析的理论基础。

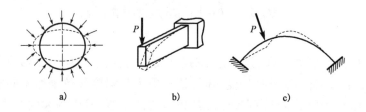

图 10-2

研究压杆的稳定性问题首先应确定压杆的临界载荷。

10.2 压杆临界力的欧拉公式

10.2.1 两端铰支压杆临界力的欧拉公式

根据上述概念,使压杆在微小弯曲状态下保持平衡的最小载荷就是压杆的临界载荷。因此,在应力不超过材料比例极限 σ_p 的范围内,只要建立压杆在微弯平衡状态时的挠曲线微分方程,并在杆端约束条件下对此方程求解,即可得到压杆的临界载荷。

现以如图 10-3 所示两端皆为球形铰支座的受压直杆 AB 为例进行分析。在横截面 x 处,杆的弯矩为 $M(x)$,挠度为 y。在讨论压杆稳定问题时,载荷 F 是个只考虑绝对值的量,故在图示坐标系的情况下必有

$$M(x) = -Fy$$

根据第 7 章可知,挠曲线的近似微分方程为 $\dfrac{d^2 y}{dx^2} = \dfrac{M(x)}{EI}$,故可得

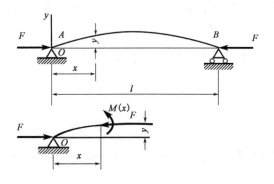

图 10-3

$$\frac{d^2y}{dx^2} = -\frac{Fy}{EI}$$

令

$$k^2 = \frac{F}{EI} \tag{10-1a}$$

于是可得

$$\frac{d^2y}{dx^2} + k^2y = 0$$

此微分方程的通解为

$$y = A\sin kx + B\cos kx \tag{10-1b}$$

式(10-1b)就是挠曲线方程,其中 A 与 B 是两个待定的积分常数,又因临界载荷 F_{cr} 目前尚属未知,故 k 值也待定。

由杆端 A 的边界条件,即 $x=0$ 处 $y=0$ 可得 $B=0$,故式(10-1b)变为

$$y = A\sin kx \tag{10-1c}$$

再由杆端 B 的边界条件,即 $x=l$ 处 $y=0$,得

$$A\sin kl = 0$$

因要求压杆保持微弯状态,即 $y \neq 0$,故必有 $A \neq 0$,而

$$\sin kl = 0 \tag{10-1d}$$

由式(10-1d)可解得

$$kl = n\pi \quad 或 \quad k = \frac{n\pi}{l} \quad (n=1,2,\cdots) \tag{10-1e}$$

将式(10-1e)代入式(10-1a),得到

$$F = \frac{n^2\pi^2 EI}{l^2} \tag{10-1f}$$

$n=0$ 时 $F=0$,表示杆件不受载荷作用,不予讨论。满足式(10-1f)的 F 是使压杆在微弯状态下保持平衡的载荷,其中 $n=1$ 对应的值最小,它就是压杆的临界载荷。故压杆临界载荷的表达式为

$$F_{cr} = \frac{\pi^2 EI}{l^2} \tag{10-2}$$

式(10-2)称为两端铰支压杆临界载荷的欧拉公式。它表明,压杆临界载荷与杆的抗弯刚

度 EI 成正比,与杆长度 l 的平方成反比。因压杆两端均为铰支,允许杆端横截面绕面内任一轴转动,故 I 应为横截面的最小惯性矩。

当 $n=1$ 时 $k=\dfrac{\pi}{l}$,由式(10-1c)可知,挠曲线为

$$y = A\sin\frac{\pi}{l}x \tag{10-3}$$

可见,压杆临界状态的微弯变形挠曲线是正弦曲线的半个波形。

10.2.2 不同杆端约束情况下压杆临界载荷的欧拉公式

采用与上述相同的方法,可以导出在其他杆端约束情况下压杆临界载荷的欧拉公式。其结果可表示为如下的一般形式:

$$F_{\text{cr}} = \frac{\pi^2 EI}{(\mu l)^2} \tag{10-4}$$

式中,μl 称为压杆的相当长度,而 μ 称为长度系数,它反映了杆端约束情况对压杆临界载荷的影响。图 10-4 给出了几种常见杆端约束情况下压杆临界状态下微弯变形时的挠曲线。

(1) 两端铰支压杆:$\mu=1, l_0=l$。
(2) 一端自由一端固定压杆:$\mu=2, l_0=2l$。
(3) 两端固定压杆:$\mu=0.5, l_0=0.5l$。
(4) 一端固定一端铰支压杆:$\mu=0.7, l_0=0.7l$。

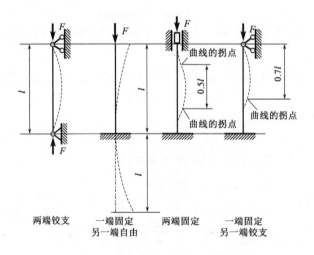

图 10-4

比较图中不同约束情况下的微弯变形挠曲线可以看出,若以挠曲线为半个正弦曲线的两端铰支情况为基准,则长度为 l 的一端固定另一端自由的压杆,与长度为 $2l$ 的两端铰支压杆相当;长度为 l 的两端固定的压杆,与长度为 $0.5l$ 的两端铰支压杆相当;长度为 l 的一端固定另一端铰支的压杆,与长度为 $0.7l$ 的两端铰支压杆相当。在相当长度上微弯变形的挠曲线都是正弦曲线的半个波形。

例 10-1 如图 10-5 所示,一矩形截面的细长压杆,其两端为柱形铰约束,即在 Oxy 面内可视为两端铰支,在 Oxz 面内可视为两端固定。若压杆在弹性范围内工作,试确定压杆截面尺寸 b 和 h 之间应有的合理关系。

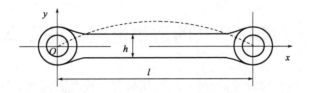

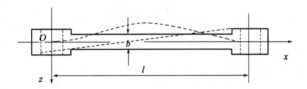

图 10-5

解:所谓求解杆件截面的相应合理关系,也就是应使杆件在不同平面内具有相同的稳定性,即应使压杆分别在 Oxy 和 Oxz 两平面内失稳时的临界压力相同。

(1)若压杆在 Oxy 平面内失稳,压杆可视为两端铰支,则长度系数为 $\mu = 1$,且截面对中性轴的惯性矩

$$I_z = \frac{bh^3}{12}$$

由式(10-4)可知

$$F'_{cr} = \frac{\pi^2 E I_z}{l^2} = \frac{\pi^2 E b h^3}{12 l^2}$$

(2)若压杆在 Oxz 平面内失稳,压杆可视为两端固定,则长度系数为 $\mu = 0.5$,且截面对中性轴的惯性矩

$$I_y = \frac{hb^3}{12}$$

由式(10-4)可知

$$F''_{cr} = \frac{\pi^2 E I_y}{(0.5l)^2} = \frac{4\pi^2 E h b^3}{12 l^2} = \frac{\pi^2 E h b^3}{3 l^2}$$

(3) 由题意应有

$$F'_{cr} = F''_{cr}$$

即

$$\frac{\pi^2 E b h^3}{12 l^2} = \frac{\pi^2 E h b^3}{3 l^2}$$

可解得

$$h^2 = 4b^2$$

即其合理的截面尺寸关系为

$$h = 2b$$

10.3 欧拉公式的适用范围 经验公式

前面已经导出了计算临界载荷的式(10-4),用压杆的横截面面积 A 除 F_{cr},得到与临界载荷对应的应力为

$$\sigma_{cr} = \frac{F_{cr}}{A} = \frac{\pi^2 EI}{A} \tag{10-5a}$$

式中:σ_{cr}——临界应力。

把横截面的惯性矩 I 写成

$$I = i^2 A$$

式中:i——截面的惯性半径。

这样,式(10-5a)可以写成

$$\sigma_{cr} = \frac{\pi^2 E}{\left(\frac{\mu l}{i}\right)^2} \tag{10-5b}$$

引入记号

$$\lambda = \frac{\mu l}{i} \tag{10-6}$$

式中,λ 是一个没有量纲的量,称为柔度或长细比。它集中反映了压杆的长度、约束条件、截面尺寸和形状等因素对临界应力 σ_{cr} 的影响。由于引用了柔度 λ,计算临界应力的欧拉公式(10-5b)可以写成

$$\sigma_{cr} = \frac{\pi^2 E}{\lambda^2} \tag{10-7}$$

式(10-7)是欧拉公式(10-4)的另一种表达形式,两者并无实质性的差别。欧拉公式是由弯曲变形的近似微分方程导出的,而材料服从胡克定律又是上述微分方程的基础,所以,只有临界应力小于比例极限 σ_p 时,式(10-4)或式(10-7)才是正确的。令式(10-7)中的 $\sigma_{cr} < \sigma_p$,得

$$\lambda \geq \sqrt{\frac{\pi^2 E}{\sigma_p}} \tag{10-8}$$

可见,只有当压杆的柔度 λ 大于或等于极限值 $\sqrt{\frac{\pi^2 E}{\sigma_p}}$ 时,欧拉公式才是正确的。用 λ_p 代表这一极限值,即

$$\lambda_p = \sqrt{\frac{\pi^2 E}{\sigma_p}} \tag{10-9}$$

于是条件(10-8)可以写成

$$\lambda \geq \lambda_p \tag{10-10}$$

这就是欧拉公式(10-4)或(10-7)适用的范围。不在这个范围之内的压杆不能使用欧拉公式。

式(10-9)表明，λ_p 与材料的性质有关，材料不同，λ_p 的数值也就不同。以 A3 钢为例，$E = 206 \text{GPa}, \sigma_p = 200 \text{MPa}$，于是

$$\lambda_p = \sqrt{\frac{\pi^2 \times 206 \times 10^9}{200 \times 10^6}} \approx 100$$

所以，用 A3 钢制成的压杆，只有当 $\lambda_p \geq 100$ 时，才可以使用欧拉公式。满足条件 $\lambda \geq \lambda_p$ 的压杆称为大柔度压杆。前面经常提到的"细长"压杆就是指大柔度压杆。

若压杆的柔度 λ 小于 λ_p，则临界应力 σ_{cr} 大于材料的比例极限 σ_p，这时欧拉公式已不能使用，属于超过比例极限的压杆稳定问题。常见的压杆，如内燃机连杆、千斤顶螺杆等，其柔度 λ 就往往小于 λ_p。对超过比例极限后的压杆稳定问题，也有理论分析的结果。但工程中对这类压杆的计算，一般使用以试验结果为依据的经验公式。在这里介绍两种经常使用的经验公式：直线公式和抛物线公式。

直线公式把临界应力 σ_{cr} 与柔度 λ 表示为以下的直线关系：

$$\sigma_{cr} = a - b\lambda \tag{10-11}$$

式中，a 和 b 是与材料性质有关的常数。表 10-1 中列出了一些材料的 a 与 b 的数值。

常用材料的 a 与 b 值　　　　　　　　　　　　　表 10-1

材料名称	a/MPa	b/MPa
普通碳钢 $\sigma_b \geq 372$ MPa $\sigma_s = 235$ MPa	304	1.12
优质碳钢 $\sigma_b \geq 471$ MPa $\sigma_s = 306$ MPa	460	2.57
硅钢 $\sigma_b \geq 510$ MPa $\sigma_s = 353$ MPa	577	3.74
铬钼钢	980	5.29
硬铝	392	3.26
铸铁	332	1.45
松木	39.2	0.199

柔度很小的短柱，如压缩试验用的金属短柱或水泥块，受压时不可能像大柔度杆那样出现弯曲变形，主要因应力达到屈服极限(塑性材料)或强度极限(脆性材料)而失效，这是一个强度问题。所以，对塑性材料，按式(10-11)算出的应力最大只能等于 σ_s，若相应的柔度为 λ_s，则

$$\lambda_s = \frac{a - \sigma_s}{b} \tag{10-12}$$

这是直线公式的最小柔度。若 $\lambda < \lambda_s$，就应按压缩的强度计算，要求

$$\sigma_{cr} = \frac{F_N}{A} \leq \sigma_s \tag{10-13}$$

对于脆性材料，只需把上述诸式中的 σ_s 改为 σ_b。

总结以上的讨论，对 $\lambda < \lambda_s$ 的小柔度杆，应按强度问题计算，在图 10-6 中表示为水平线 AB。对 $\lambda \geq \lambda_p$ 的大柔度杆，用欧拉公式(10-4)计算临界应力，在图 10-6 中表示为曲线 CD。柔度 λ 介于 λ_s 和 λ_p 之间的压杆 ($\lambda_s \leq \lambda < \lambda_p$)，称为中等柔度杆，用经验公式(10-11)计算临界应力，在图 10-6 中表示为斜直线 BC，图 10-6 表示临界应力 σ_{cr} 随压杆柔度 λ 变化的情况，称为临界应力总图。

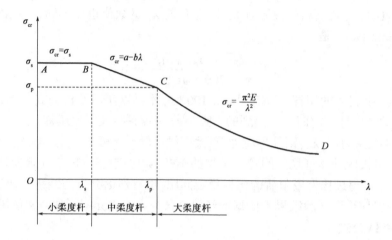

图 10-6

抛物线公式把临界应力 σ_{cr} 与柔度 λ 表示为下面的抛物线关系：

$$\sigma_{cr} = a_1 - b_1 \lambda^2 \tag{10-14}$$

式中：a_1, b_1 ——与材料有关的常数。

稳定性计算中，无论是欧拉公式还是经验公式，都是以杆件的整体变形为基础的。局部削弱对杆件的整体变形影响很小，所以计算临界应力时，可采用未经削弱的横截面面积 A 和惯性矩 I 来计算。

例 10-2 两端为球铰支的圆截面受压杆件，材料的弹性模量为 $E = 2.03 \times 10^5 \mathrm{MPa}$，比例极限为 $\sigma_p = 300 \mathrm{MPa}$，杆的直径为 $d = 100 \mathrm{mm}$，杆长为多少时方可用欧拉公式计算该杆的临界力？

解：由已知条件可知

$$\lambda_p = \sqrt{\frac{\pi^2 E}{\sigma_p}} = \sqrt{\frac{3.14^2 \times 2.03 \times 10^{11}}{300 \times 10^6}} = 81.7, \quad i = \frac{d}{4} = \frac{0.1}{4} = 0.025(\mathrm{m}), \quad u = 1$$

压杆的柔度为

$$\lambda = \frac{\mu l}{i} = 40l$$

应用欧拉公式的条件是压杆必须为大柔度杆，所以用欧拉公式计算该杆的临界力的条件为 $\lambda \geq \lambda_p$，即

$$40l \geq 81.7$$

解得

$$l \geq 2.04 \mathrm{m}$$

例 10-3 压杆截面如图 10-7 所示。若绕 y 轴失稳可视为两端固定，绕 z 轴失稳可视为两端铰支。已知，杆长 $l = 1\mathrm{m}$，材料的弹性模量 $E = 200\mathrm{GPa}$，$\sigma_p = 200\mathrm{MPa}$。求压杆的临界应力。

解：由已知条件可得

$$\lambda_p = \sqrt{\frac{\pi^2 E}{\sigma_p}} = \sqrt{\frac{\pi^2 \times 200 \times 10^9}{200 \times 10^6}} \approx 99.3$$

$$i_y = \sqrt{\frac{I_y}{A}} = \sqrt{\frac{\frac{1}{12}(0.03 \times 0.02^3)}{0.03 \times 0.02}} \approx 0.0058(\mathrm{m})$$

$$i_z = \sqrt{\frac{I_z}{A}} = \sqrt{\frac{\frac{1}{12}(0.02 \times 0.03^3)}{0.03 \times 0.02}} \approx 0.0087(\text{m})$$

$$u_y = 0.5, u_z = 1$$

$$\lambda_y = \frac{\mu_y l}{i_y} = 86, \lambda_z = \frac{\mu_z l}{i_z} = 115$$

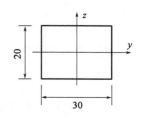

因为 $\lambda_z > \lambda_y$,所以压杆绕 z 轴先失稳,且 $\lambda_z = 115 > \lambda_p$,应用欧拉公式计算临界力:

图 10-7 (尺寸单位:mm)

$$F_{cr} = A\sigma_{cr} = A\frac{\pi^2 E}{\lambda_z^2} = \frac{0.03 \times 0.02 \times \pi^2 \times 200 \times 10^9}{115^2} \approx 89.5 \times 10^3 (\text{N}) = 89.5(\text{kN})$$

10.4 压杆的稳定性校核

利用临界应力总图可正确计算出各种柔度压杆的临界应力 σ_{cr} 或临界载荷 F_{cr}。若已知压杆的实际工作应力 σ 或工作载荷 F,则比值

$$n_{st} = \frac{\sigma_{cr}}{\sigma} = \frac{F_{cr}}{F}$$

表示压杆的稳定性安全程度。n_{st} 称为工作稳定安全系数。

为保证压杆不发生失稳破坏,压杆的工作稳定安全系数 n_{st} 不应小于规定的稳定安全系数 $[n_{st}]$,即要求

$$n_{st} = \frac{\sigma_{cr}}{\sigma} = \frac{F_{cr}}{F} \geq [n_{st}] \qquad (10\text{-}15)$$

式(10-15)就是用安全系数表示的压杆稳定性条件。$[n_{st}]$ 的值可在有关设计手册或规范中查到。利用稳定性条件不仅可以进行压杆的稳定性校核,还可确定压杆的横截面面积或许可载荷等。由式(10-15)可知,压杆的许用载荷 $[F]$ 必须满足下述条件:

$$[F] \leq \frac{F_{cr}}{[n_{st}]} \qquad (10\text{-}16)$$

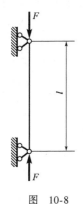

例 10-4 如图 10-8 所示圆截面木制压杆,两端铰支,杆长 $l = 5$m,横截面直径 $d = 150$mm,$E = 10$GPa,$\lambda_p = 110$。若规定稳定安全系数 $[n_{st}] = 4$,试确定压杆的许用载荷。

解:(1)柔度计算。

由两端铰支,可知 $\mu = 1$,圆截面杆,则 $i = \frac{d}{4} = 37.5(\text{mm})$。杆的柔度为

$$\lambda = \frac{\mu l}{i} = \frac{1 \times 5 \times 10^3}{37.5} \approx 133.3 > \lambda_p = 110$$

为大柔度杆,可用欧拉公式计算。

图 10-8

(2)杆的许用载荷计算。

首先按欧拉公式计算杆的临界应力:

$$\sigma_{cr} = \frac{\pi^2 E}{\lambda^2} = \frac{\pi^2 \times 10 \times 10^3}{133.3^2} \approx 5.55(\text{MPa})$$

杆的横截面面积为

$$A = \frac{\pi d^2}{4} = \frac{\pi \times 150^2}{4} \approx 17.7 \times 10^3 (\text{mm}^2)$$

所以杆的临界载荷为

$$F_{cr} = \sigma_{cr} A \approx 98.2 \times 10^3 (\text{N}) = 98.2(\text{kN})$$

根据式(10-16),得压杆的许用载荷为

$$[F] \leq \frac{F_{cr}}{[n_s]} = \frac{98.2}{4} = 24.45(\text{kN})$$

例 10-5 平面磨床的工作台液压驱动装置如图 10-9 所示。油缸活塞直径 $D = 65\text{mm}$,油压 $p = 1.2\text{MPa}$。活塞杆长度 $l = 1250\text{mm}$,材料为 35 号钢,$\sigma_p = 220\text{MPa}$,$E = 210\text{GPa}$,$[n_{st}] = 10$。试确定活塞杆的直径。

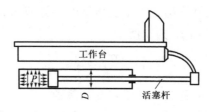

图 10-9

解: 活塞杆承受的轴向压力应为

$$F = \frac{\pi}{4} D^2 p = \frac{\pi}{4} (65 \times 10^{-3})^2 \times 1.2 \times 10^6 \approx 3980(\text{N})$$

若在稳定条件式(10-16)中取等号,则活塞杆的临界压力应该是

$$F_{cr} = [n_{st}] F = 10 \times 3980 = 39800(\text{N}) \tag{a}$$

现在需要确定活塞杆的直径 d,使它具有上述数值的临界载荷。由于直径尚待确定,无法求出活塞杆的柔度 λ,自然也不能判定究竟应该用欧拉公式还是用经验公式计算。为此,在试算时先由欧拉公式确定活塞杆的直径。待直径确定后,再检查是否满足使用欧拉公式的条件。

把活塞杆的两端简化为铰支座,由欧拉公式求得临界载荷为

$$F_{cr} = \frac{\pi^2 EI}{(\mu l)^2} = \frac{\pi^2 \times 210 \times 10^9 \times \frac{\pi}{64} d^4}{(1 \times 1.25)^2} \tag{b}$$

由式(a)和式(b)解出

$$d = 0.0246\text{m} = 24.6\text{mm}$$

取 $d = 25\text{mm}$,用所确定的 d 计算活塞杆的柔度为

$$\lambda = \frac{\mu l}{i} = \frac{1 \times 1250}{\frac{25}{4}} = 200$$

对所用材料 35 号钢来说,由式(10-9)求得

$$\lambda_p = \sqrt{\frac{\pi^2 E}{\sigma_p}} = \sqrt{\frac{\pi^2 \times 210 \times 10^9}{220 \times 10^6}} \approx 97$$

由于 $\lambda > \lambda_p$,所以前面用欧拉公式进行的试算是正确的。

10.5 提高压杆稳定性的措施

所谓提高压杆的稳定性,就是要提高压杆的临界应力。由计算临界应力的欧拉公式可知,欲提高压杆的临界应力,可从以下两方面考虑。

1. 合理地选用材料

对于大柔度压杆,其临界应力 σ_{cr} 与材料的弹性模量 E 成正比,所以选用 E 值大的材料可提高压杆的稳定性。但在工程实际中,一般压杆均是由钢材制成的,由于各种类型的钢材的弹性模量 E 值均在 200~240GPa 之间,差别不是很大,故用高强度钢代替普通钢做成压杆,对提高其稳定性意义不大。而对于中、小柔度杆,由经验公式可知,其临界应力与材料强度有关,所以选用高强度钢将有利于压杆的稳定性。

2. 减小压杆的柔度

由临界应力公式可知,压杆的柔度越小,其临界应力越大。所以,减小柔度是提高压杆稳定性的主要途径。由柔度计算公式 $\lambda = \mu l / i$ 可知,减小压杆柔度可从以下三方面考虑。

(1)选择合理的截面形状,增大截面的惯性矩。

在压杆横截面面积 A 一定时,应尽可能使材料远离截面形心,使其惯性矩 I 增大。这样可使其惯性半径 $i = \sqrt{I/A}$ 增大,柔度值减小。如图 10-10 所示,当截面面积相同时,空心圆截面要比实心圆合理。但也不能为了增加截面的惯性矩而无限制地加大圆环截面的半径并减小其壁厚,这样将会由于压杆管壁过薄而发生局部褶皱导致整体失稳。

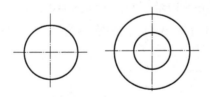

图 10-10

另外,在根据上述原则选择截面的同时,还应考虑到压杆在各纵向平面内具有相同的稳定性,即应使压杆在各纵向平面内具有相同的柔度值。若杆端在各个弯曲平面内的约束性质相同(如球形铰支承),则应使截面各方向的惯性矩相同;若约束性质不同(如柱形铰支承),则应使压杆在不同方向的柔度值尽量相等。

(2)减小压杆的长度。

在条件许可的情况下,可通过增加中间约束等方法来减小压杆的计算长度,这样可使压杆的柔度值明显减小,以达到提高压杆稳定性的目的。这也是提高稳定性的最有效的方法之一。

(3)改善压杆支承。

杆端约束刚性越强,压杆的长度系数越小,则其临界应力越大。所以,通过增加杆端支承刚性,亦可提高压杆的稳定性。

本章小结

在工程实际中,对受压杆件应综合考虑两方面的问题,即强度问题和稳定性问题。本章主要介绍了压杆稳定的基本概念、不同柔度的压杆的临界压力及临界应力计算方法,以及其稳定性校核。主要注意以下几方面问题。

(1)受压杆件的强度和稳定性问题的分界:

在解决受压杆件的承载能力问题时,必须先明确它属于哪方面的问题。所以,应先由柔度计算公式 $\lambda = \mu l / i$ 计算出压杆的柔度值 λ,由 λ 值即可确定压杆的类型,并可明确压杆应为强度或稳定性问题。

(2)临界应力总图:

临界应力总图较清晰地反映了不同柔度的压杆所对应的临界应力的计算公式。

①当 $\lambda \geq \lambda_p$ 时,称为细长杆,或大柔度杆,其临界压力或临界应力可用欧拉公式计算。

②当 $\lambda_s \leq \lambda < \lambda_p$ 时,称为中长杆,或中柔度杆,该类压杆的临界应力计算方法主要有两种:直线经验公式和抛物线经验公式。

③当 $\lambda < \lambda_s$ 时,称为短粗杆,或小柔度杆,该类压杆应考虑强度问题。

(3)压杆的稳定性条件:

压杆的临界应力即为压杆可保持稳定的极限承载能力,考虑到各种综合因素的影响,实际压杆的极限应力应由其许用临界应力来控制,即 $[\sigma_{cr}] = \sigma_{cr} / n_{st}$。

(4)根据 $\lambda = \mu l / i$, $i = \sqrt{I/A}$ 可知,λ 越大,则临界力(或临界应力)越低。提高压杆承载能力的措施为:

①减小杆长。

②增强杆端约束。

③提高截面形心主轴惯性矩 I。且在各个方向的约束相同时,应使截面的两个形心主轴惯性矩相等。

④合理选用材料。

习题

10-1 如题 10-1 图所示的细长压杆，A、B 两端均为球形铰支，材料弹性模量 $E=200\text{GPa}$，杆的长度及横截面尺寸有以下 3 种情况：①$l=1\text{m}$，圆形截面，$d=25\text{mm}$；②$l=1\text{m}$，矩形截面，$b=20\text{mm}$，$h=40\text{mm}$；③$l=2\text{m}$，工字形截面，16 号工字钢。试用欧拉公式分别计算各情况下压杆的临界载荷。

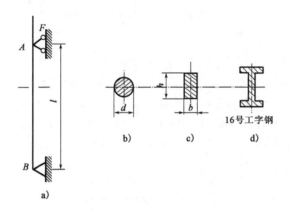

题 10-1 图

10-2 如题 10-2 图所示，一截面为 $30\text{mm}\times20\text{mm}$ 矩形的压杆，A 端为球形铰支，B 端固定，材料弹性模量 $E=200\text{GPa}$，比例极限 $\sigma_\text{p}=200\text{MPa}$。试确定该杆适用欧拉公式的最小长度 $l_{\min}$。

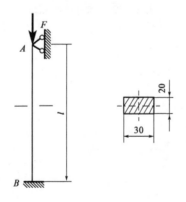

题 10-2 图 （尺寸单位：mm）

10-3 如题 10-3 图所示，压杆截面为 $20\text{mm}\times12\text{mm}$ 的矩形，长度 $l=300\text{mm}$。材料的弹性模量 $E=200\text{GPa}$，屈服极限 $\sigma_\text{s}=235\text{MPa}$，$\lambda_\text{p}=100$，$\lambda_\text{s}=60$，$a=304\text{MPa}$，$b=1.12\text{MPa}$。杆端约束情况有以下 3 种：

(1) 一端固定，另一端自由；
(2) 两端球形铰支；
(3) 两端固定。试分别计算各情况压杆的临界载荷。

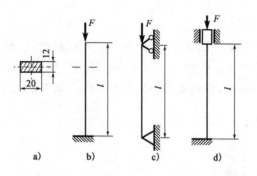

题 10-3 图

10-4 一木柱长3m,两端铰支,截面直径$d=100$mm,弹性模量$E=10$GPa,比例极限$\sigma_p=20$MPa,求其可用欧拉公式计算临界载荷的最小柔度$\lambda_{\min}$及临界载荷。

10-5 如题10-5图所示,一钢托架,已知DC杆的直径$d=40$mm,材料为低碳钢,弹性模量$E=206$GPa,若规定的稳定安全系数$[n_{\mathrm{st}}]=2$,试校核该压杆是否安全。

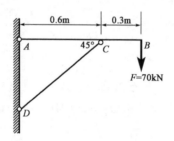

题10-5 图 （尺寸单位:m）

第11章 能量法

利用功和能的概念求物体的变形、结构的位移和有关未知力的方法,统称为**能量法**。用能量法求结构的位移、求解超静定结构比前面有关章节所述方法要简便得多。而且,能量法不仅适用于线性弹性结构,甚至在非线性弹性结构中,在一定条件下,也同样适用。

11.1 应变能及其计算

11.1.1 应变能的概念

任何弹性体在载荷作用下都要发生变形,与此同时,载荷的作用点也会发生相应的位移。因此,在弹性体变形的过程中,一方面,载荷将在相应的位移上做功,称其为外力功,并用符号 W 表示;另一方面,在弹性体内将储存应变能 V_ε,因而在卸载过程中弹性体具有恢复其原形的能力。弹性体这种伴随弹性变形积蓄了能量,从而具有对外界做功的潜在能力,称为弹性应变能或弹性变形能,用 V_ε 表示。根据物理学中的功能原理,积蓄在弹性体内的应变能 V_ε 和能量损耗 ΔE 之和在数值上应等于载荷所做的功,即

$$V_\varepsilon + \Delta E = W$$

如果在加载过程中动能及其他形式的能量损耗不计,应有

$$V_\varepsilon = W \tag{11-1}$$

利用上述的这种功能概念解决固体力学问题的方法统称为能量法,相应的基本原理统称为功能原理。弹性体的功能原理的应用非常广泛,它是目前在工程中得到广泛应用的有限单元法的重要理论基础。

11.1.2 应变能的计算

若外力在加载过程中所做的功全部以应变能的形式积蓄在弹性体内,即在加载和卸载的过程中能量没有任何损失,则只要得到加载过程中外力功的数值,弹性体应变能的数值也就可

以计算出来,所以说外力功是应变能的一种度量。

首先,研究最简单的拉杆,如图11-1所示。设拉杆的材料为线性弹性体,杆端位移与施加在杆端的外力 F_P 之间的关系如图11-2a)所示,该材料在轴向拉伸时的应力-应变关系曲线如图11-2b)所示。

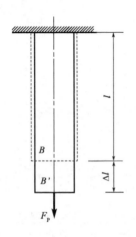

图 11-1

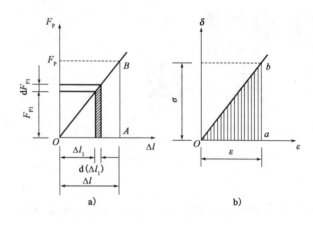

图 11-2

当外力由零逐渐增大至最大值 F_P 时,杆端位移就由零逐渐增至 Δl,设 F_{P1} 表示加载过程中拉力的一个值,相应的位移为 Δl_1,此时将拉力增加一微量 $\mathrm{d}F_{P1}$,使其产生相应的位移增量 Δl_1。这时,已经作用在杆上的拉力 F_{P1} 将在该位移增量上做功,其值为

$$\mathrm{d}W = F_{P1}\mathrm{d}(\Delta l_1) \tag{11-2}$$

拉力从零增加到 F_P 的整个加载过程中所做的总功就是△OAB的面积,即

$$W = \int_0^\Delta F_{P1}\mathrm{d}(\Delta l_1) = \frac{1}{2}F_P\Delta l \tag{11-3}$$

将以上的分析推广到其他的受力情况,可导出静载荷下外力功的计算式:

$$W = \frac{1}{2}F_P\Delta \tag{11-4}$$

式中,F_P 为广义力,它可以是集中力或集中力偶;Δ 为与广义力 F_P 相对应的位移,称为广义位移,它可以是线位移或角位移。上式表明,当外力是由零逐渐增加的静载荷时,在符合胡克定律的范围内,外力在其相应位移上所做的功,等于外力最终值与相应位移最终值乘积的一半。

当拉(压)杆的变形处于线弹性范围内时,外力所做的功为 $W = \frac{1}{2}F_P\Delta l$,则杆内的应变能为 $V_\varepsilon = W = \frac{1}{2}F_P\Delta l$。

由图11-1可知,杆件任一横截面上的轴力 $F_N = F_P$,由于满足胡克定律,因此,拉(压)杆的应变能为

$$V_\varepsilon = \frac{F_N^2 l}{2EA} \tag{11-5}$$

若外力较复杂,轴力沿杆轴线为变量 $F_N(x)$,可以先计算长度为 $\mathrm{d}x$ 微段内的应变能,再用积分的方法计算整个杆件的应变能,即

$$V_\varepsilon = \int_0^l \frac{F_N^2(x)}{2EA}dx \tag{11-6}$$

为了对构件的弹性变形能有更全面的了解,不但要知道整个构件所能积蓄的应变能,而且需知道杆的单位体积内所能积蓄的应变能。对于承受均匀拉力的杆(图 11-1),杆内各部分的受力和变形情况相同,所以每单位体积内积蓄的应变能相等,可用杆的应变能 V_ε 除以杆的体积 V 计算。这种单位体积内的应变能称为应变比能,并用 v_ε 表示。于是

$$v_\varepsilon = \frac{V_\varepsilon}{V} = \frac{\frac{1}{2}F_N\Delta l}{Al} = \frac{1}{2}\sigma\varepsilon \tag{11-7a}$$

由胡克定律,$\sigma = E\varepsilon$,应变比能又可以写成下列形式:

$$v_\varepsilon = \frac{1}{2}\sigma\varepsilon = \frac{\sigma^2}{2E} = \frac{E\varepsilon^2}{2} \tag{11-7b}$$

同理可得,圆轴扭转时,如扭矩 T 为常量,则圆轴的应变能为

$$V_\varepsilon = \frac{1}{2} \cdot \frac{T^2 l}{GI_P} \tag{11-8}$$

当扭矩沿轴线为变量即 $T(x)$,圆轴的应变能为

$$V_\varepsilon = \int_0^l \frac{T^2(x)}{2GI_P}dx \tag{11-9}$$

梁纯弯曲时,弯矩 M 为常量,梁应变能为

$$V_\varepsilon = \frac{M^2 l}{2EI} \tag{11-10}$$

梁在横力弯曲时,不计剪切应变能,梁应变能为

$$V_\varepsilon = \int_0^l \frac{M^2(x)}{2EI}dx \tag{11-11}$$

11.2 互等定理

由前述可知,对线弹性体结构,积蓄在弹性体内的弹性应变能只决定于作用在弹性体上的载荷的最终值,与加载的先后次序无关。由此可以导出功的互等定理和位移互等定理。它们在结构分析中有着重要应用。

下面以一处于线弹性阶段的简支梁为例进行说明。图 11-3a)、b)代表梁的两种受力状态,1、2 截面为其上任意两截面。如图 11-3a)所示,F_{P1} 使梁在截面 1、2 上的位移分别为 Δ_{11} 和 Δ_{21};在图 11-3b)中,当 F_{P2} 作用时,在截面 1、2 上产生的位移分别为 Δ_{12} 和 Δ_{22}。

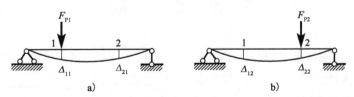

图 11-3

在位移符号的角标中,第一个表示截面位置,第二个表示由哪个力引起的。现在用两种办法在梁上加载来计算 F_{P1}、F_{P2} 共同作用时外力的功。先施加 F_{P1} 再施加 F_{P2} 时[图11-4a)],外力的功

$$W_1 = \frac{1}{2}F_{P1}\Delta_{11} + \frac{1}{2}F_{P2}\Delta_{22} + F_{P1}\Delta_{12}$$

而当先施加 F_{P2} 再施加 F_{P1} 时[图11-4b)],外力的功

$$W_2 = \frac{1}{2}F_{P2}\Delta_{22} + \frac{1}{2}F_{P1}\Delta_{11} + \frac{1}{2}F_{P2}\Delta_{21}$$

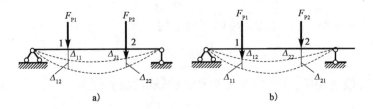

图 11-4

由于杆件的应变能等于外力的功,与加载次序无关,即 $V_\varepsilon = W_1 = W_2$,所以有

$$F_{P1}\Delta_{12} = F_{P2}\Delta_{21} \tag{11-12}$$

这表明,第一个力在第二个力引起的位移上所做的功,等于第二个力在第一个力引起的位移上所做的功。这就是功的互等定理。

当 $F_{P1} = F_{P2}$ 时,由式(11-12)可推出一个重要的结论,即

$$\Delta_{12} = \Delta_{21} \tag{11-13}$$

这表明,作用在方位1上的荷载使杆件在方位2上产生的位移 Δ_{21},等于将此载荷作用在方位2上而在方位1上产生的位移 Δ_{12}。这就是位移互等定理。

若令 $F_{P1} = F_{P2} = 1$(即为单位力),且此时用 δ 表示位移,则有

$$\delta_{12} = \delta_{21}$$

由于1、2两截面是任意的,故上述关系可写为以下一般形式:

$$\delta_{ij} = \delta_{ji}$$

即 j 处作用的单位力在 i 处产生的位移,等于 i 处作用的单位力在 j 处产生的位移。这是位移互等定理的特殊表达形式,在结构分析中十分有用。

以上分析对弹性体上作用的集中力偶也是适用的,不过相应的位移是角位移,所以上述互等定理中的力和位移泛指广义力和广义位移。

11.3 余 能

以上推出的公式均只在线弹性范围内成立。下面进一步讨论非线性弹性体的应变能表达式,并介绍非线性弹性体的应变余能(简称余能)概念及表达式。

仍以图11-1所示的拉杆为例,但材料为非线性弹性的,这时力 F_P 与相应的位移 Δ 的关系就是非线性的,如图11-5a)所示。对比图11-2a),不难看出仍可用下式计算外力做的功,即

$$W = \int_\Delta F_P \mathrm{d}\Delta \tag{11-14}$$

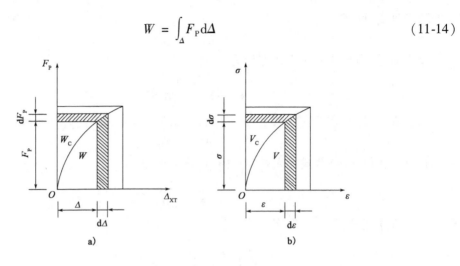

图 11-5

图 11-5a)表示,外力功的大小与位移从 0 到 Δ 之间一段 F_P-Δ 曲线下的面积相当。式(11-13)是以位移作为积分变量的,若以力作为积分变量,则有

$$W_C = \int_{F_P} \Delta \mathrm{d}F_P \tag{11-15}$$

W_C 称为余功,其几何意义就是外力从 0 到 F_P 之间一段 F_P-Δ 曲线与纵坐标轴间的面积。从图 11-5a)中不难看出,功和余功互补,为常力功。

由于材料是弹性的,如果将加载和卸载过程中的能量损耗略去不计,则同样有与线弹性体类似的结论,即积蓄在弹性体内的应变能 V_ε 在数值上应等于外力所做的功:

$$V_\varepsilon = W = \int_\Delta F_P \mathrm{d}\Delta \tag{11-16}$$

同样地,余功 W_C 与余应变能 $V_{\varepsilon C}$ 在数值上也相等,即

$$V_{\varepsilon C} = W_C = \int_{F_P} \Delta \mathrm{d}F_P \tag{11-17}$$

此即为由外力余功计算余应变能的表达式。

11.4 卡 氏 定 理

卡斯蒂利亚诺(A. Castigliano)根据应变能、余能与位移和载荷的关系,导出了计算弹性结构的位移的定理,称为卡氏定理。卡氏定理广泛应用于结构的位移计算和超静定结构的求解。

下面利用图 11-6 所示的弹性梁来导出卡氏定理。设梁上作用有 n 个集中载荷,在这些集中载荷作用点上,沿各个载荷方向上的最后位移分别为 $\delta_1, \delta_2, \cdots, \delta_n$,梁内的余能等于外力的余功,按照式(11-15),有

$$V_{\varepsilon C} = W_C = \sum_{i=1}^n \int_0^{P_i} \delta_i \mathrm{d}P_i \tag{11-18}$$

上式表明,梁内的余能是作用在梁上一系列载荷 P_i 的函数。

假设第 i 个载荷 P_i 有一微小增量 $\mathrm{d}P_i$,而其余载荷均保持不变,由于 P_i 的改变,外力总余

功的相应改变量应为

$$dW_C = \delta_i dP_i \tag{11-19a}$$

相应地,梁内余能的相应改变量为

$$dV_{\varepsilon C} = \frac{\partial V_{\varepsilon C}}{\partial P_i} dP_i \tag{11-19b}$$

如前所述,外力余功在数值上等于弹性结构的余能,因此,两者的改变量也应相等,即

$$dV_{\varepsilon C} = dW_C \tag{11-19c}$$

将(11-19a)、(11-19b)两式代入式(11-19c),化简后得

$$\delta_i = \frac{\partial V_{\varepsilon C}}{\partial P_i} \tag{11-20}$$

这是一个普遍定理,称为余能定理。

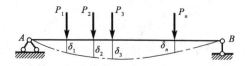

图 11-6

如前所述,在线弹性结构中,由于力与位移成正比,结构的应变能 V_ε 在数值上等于余能 $V_{\varepsilon C}$,因此,对于线弹性结构,式(11-20)中的余能 $V_{\varepsilon C}$ 可用应变能代替,从而得到

$$\delta_i = \frac{\partial V_\varepsilon}{\partial P_i} \tag{11-21}$$

这就是卡氏定理。它表明,线弹性结构的应变能 V_ε 对于作用在结构上的某一载荷的变化率,等于与该载荷相应的位移。式(11-21)同样适用于其他任意受力形式下的线弹性结构,这时,P_i 应理解为作用在结构上的广义力,而 δ_i 则为与 P_i 相应的广义位移。

应该明确,余能定理既适用于线弹性结构,也适用于非线弹性结构,而卡氏定理则只适用于线弹性结构。余能定理尤其是卡氏定理广泛用于结构的位移计算和超静定问题的求解。

例 11-1 如图 11-7 所示外伸梁的抗弯刚度为 EI,试求外伸端 C 的挠度 v_C 和左端截面的转角 θ_A。

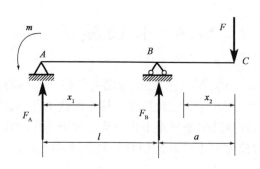

图 11-7

解: 由静力学平衡方程可解得两个支座的约束反力分别为

$$F_A = \frac{m - Fa}{l}, \quad F_B = \frac{F(l+a) - m}{l}$$

弯矩应分段表达。

AB段：

$$M_1(x_1) = F_A x_1 - m = \left(\frac{m}{l} - \frac{Fa}{l}\right) x_1 - m$$

$$\frac{\partial M_1(x_1)}{\partial F} = -\frac{a}{l} x_1, \quad \frac{\partial M_1(x_1)}{\partial m} = \frac{x_1}{l} - 1$$

BC段：

$$M_2(x_2) = -F x_2, \quad \frac{\partial M_2(x_2)}{\partial F} = -x_2, \quad \frac{\partial M_2(x_2)}{\partial m} = 0$$

由卡氏定理可得

$$v_C = \frac{\partial V_\varepsilon}{\partial F} = \int_0^l \frac{1}{EI}\left[\left(\frac{m}{l} - \frac{Fa}{l}\right)x_1 - m\right] \cdot \left(-\frac{a}{l}x_1\right)\mathrm{d}x_1 +$$

$$\int_0^a \frac{-Fx_2}{EI}(-x_2)\mathrm{d}x_2 = \frac{1}{EI}\left(\frac{Fa^2 l}{3} + \frac{mal}{6} + \frac{Fa^2}{3}\right)$$

$$\theta_A = \frac{\partial V_\varepsilon}{\partial m} = \int_0^l \frac{1}{EI}\left[\left(\frac{m}{l} - \frac{Fa}{l}\right)x_1 - m\right]\left(\frac{x_1}{l} - 1\right)\mathrm{d}x_1 +$$

$$\int_0^a \frac{1}{EI}(-Fx_1) \cdot (0)\mathrm{d}x = \frac{1}{EI}\left(\frac{ml}{3} + \frac{Fal}{6}\right)$$

这里 v_C 与 θ_A 皆为正号，表示它们的方向分别与 F 和 m 的作用方向相同；如果是负号，则表示与之方向相反。

用卡氏定理求结构某处的位移时，该处需要有与所求位移相应的载荷。如果计算某处位移，而该处没有与此位移相应的载荷，则可采用附加力法。

11.5 莫尔定理

利用能量法计算线弹性体位移的方法有多种，本节将要介绍的莫尔定理（单位载荷法）是计算位移的一般方法。这个方法可以从不同的角度推导，这里利用功能原理来说明这一方法的原理。下面首先从梁弯曲引起的位移来推导这种方法，然后再推广到其他的位移情况。

该简支梁在静载荷 $F_1, F_2, \cdots, F_n$（广义力）作用下发生弯曲变形，如图11-8a)所示。在各力作用点处引起相应的位移为 $\Delta_1, \Delta_2, \cdots, \Delta_n$。现求梁上任一点 C 处的铅垂位移 Δ_2。

1. 变形能的计算

当梁上仅作用有载荷 $F_1, F_2, \cdots, F_n$ 时[图11-8a)]，梁的任一横截面上弯矩为 $M(x)$，载荷分别在相应的位移上做功，因此梁内变形能为

$$U_F = \int_l \frac{M^2(x)\mathrm{d}x}{2EI} \tag{11-22a}$$

设在上述载荷 $F_1, F_2, \cdots, F_n$ 作用之前，先在梁 C 点沿竖直方向作用一单位力 $F_0 = 1$，沿单位力方向的位移为 Δ_0，如图11-8b)所示，梁的弯矩为 $M^0(x)$，则梁内变形能为

$$U_{F0} = \int_l \frac{[M^0(x)]^2 \mathrm{d}x}{2EI} \tag{11-22b}$$

若在单位力已经作用后,再把载荷作用在梁上,则梁的变形即由虚线变到实线位置,如图 11-8c)所示。根据叠加原理,梁任一横截面上弯矩为 $M(x)+M^0(x)$,则梁的变形能为

$$U_F = \int_l \frac{[M(x)+M^0(x)]^2 dx}{2EI}$$

$$= \int_l \frac{M^2(x)dx}{2EI} + \int_l \frac{M(x) \cdot M^0(x)dx}{EI} + \int_l \frac{[M^0(x)]^2 dx}{2EI}$$

$$= U_F + U_{F0} + \int_l \frac{M(x) \cdot M^0(x)dx}{EI} \tag{11-22c}$$

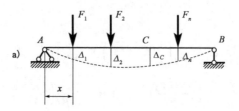

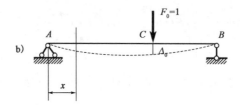

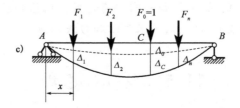

图 11-8

2. 外力功的计算

如前所述,外力功的大小只与载荷的最终值有关,与加载方式和次序无关。现假设先将单位力 F_0 加在梁上 C 点,则梁的挠曲线如图 11-8b)的虚线所示,C 点的位移为 Δ_0;然后将载荷 $F_1, F_2, \cdots, F_n$ 加在梁上,则梁的挠曲线弯到图 11-8c)中的实线位置,在整个加载过程中载荷 $F_1, F_2, \cdots, F_n$ 所做的功为

$$W_F = \frac{1}{2}\sum_{i=1}^n F_i \Delta_i = \frac{1}{2}F_1\Delta_1 + \frac{1}{2}F_2\Delta_2 + \cdots + \frac{1}{2}F_n\Delta_n \tag{11-22d}$$

单位力 F_0 所做的功由两部分组成,只作用有单位力时,单位力做的功为 $\frac{1}{2}F_0\Delta_0$,当载荷 $F_1, F_2, \cdots, F_n$ 作用到梁上后,单位力 F_0 作为常力做功,其值为 $F_0\Delta_C$,所以单位力 F_0 所做功总计为

$$W_{F0} = \frac{1}{2}F_0\Delta_0 + F_0\Delta_C \tag{11-22e}$$

所有外力所做的总功为

$$W = W_F + W_{F0}$$
$$= \frac{1}{2}\sum_{i=1}^{n}F_i\Delta_i + \frac{1}{2}F_0\Delta_0 + F_0\Delta_C$$

(11-22f)

3. 导出莫尔定理

根据功能原理，$U = W$，即

$$\frac{1}{2}\sum_{i=1}^{n}F_i\Delta_i + \frac{1}{2}F_0\Delta_0 + F_0\Delta_C = U_F + U_{F0} + \int_l \frac{M(x) \cdot M^0(x)\mathrm{d}x}{EI}$$

由前面讨论已知

$$\frac{1}{2}\sum_{i=1}^{n}F_i\Delta_i = U_F$$

$$\frac{1}{2}F_0\Delta_0 = U_{F0}$$

故得

$$F_0\Delta_C = \int_l \frac{M(x) \cdot M^0(x)\mathrm{d}x}{EI}$$

(11-22g)

式中，$F_0 = 1$，所以上式可写为

$$\Delta_C = \int_l \frac{M(x) \cdot M^0(x)\mathrm{d}x}{EI} \qquad (11\text{-}23)$$

式中：Δ_C——梁上任一点 C 处在外力作用下产生的铅垂位移；

$M(x)$——外力作用时的弯矩方程；

$M^0(x)$——单位力作用于 C 点时的弯矩方程。

式(11-23)即为莫尔定理的表达式，又称为莫尔积分。

以上讨论的是求梁轴上任一点 C 的挠度，如果要求梁上任一截面的转角，则在该截面处单位力偶 $M_0 = 1$，故有

$$\theta = \int_l \frac{M(x) \cdot M^0(x)\mathrm{d}x}{EI}$$

上面的莫尔定理是以梁为例推证的，结论也可以用来计算其他结构在载荷作用下的位移。

(1) 对于受节点载荷作用的桁架，也可按同样方法推得莫尔定理为

$$\Delta = \sum_{i=1}^{n}\frac{F_{Ni}F_{Ni}^0 l_i}{E_i A_i}$$

式中：F_{Ni}——由外力引起每一杆的轴力；

F_{Ni}^0——由单位力引起每一杆的轴力；

l_i——每一杆的长度。

(2) 对于圆轴扭转，求扭转角的莫尔定理为

$$\varphi = \int_l \frac{T(x)T^0(x)\mathrm{d}x}{GI_P}$$

(3) 对于刚架，略去剪力和轴力的影响，一般只考虑弯曲变形，有

$$\Delta = \int_l \frac{M(x)M^0(x)\mathrm{d}x}{EI}$$

(4) 对于小曲率杆,略去剪力和轴力影响,有

$$\Delta = \int_l \frac{M(s)M^0(s)\mathrm{d}x}{EI}$$

(5) 对于组合变形的杆件,有

$$\Delta = \int_l \frac{F_\mathrm{N}(x)F_\mathrm{N}^0(x)\mathrm{d}x}{EA} + \int_l \frac{T(x)T^0(x)\mathrm{d}x}{GI_\mathrm{P}} + \int_l \frac{M(x)M^0(x)\mathrm{d}x}{EI}$$

应用莫尔定理计算结构位移时应注意以下几点。

(1) 必须考虑两个系统,第一个系统由杆件承受实际载荷所组成,称为载荷系统;第二个系统由在除掉实际载荷的原杆件上施加一个与所求位移相对应的单位载荷所组成,称为单位载荷系统。

(2) 欲求的位移 Δ 和施加的单位载荷分别理解为广义位移和相应的广义力。在所求位移处沿位移方向施加一个与位移相对应的单位载荷。例如 Δ 为线位移,则单位载荷为施加于该点沿所求方向的单位力;若 Δ 为角位移,则单位载荷为施加于 Δ 所在截面处的单位力偶矩;若 Δ 为两点间的相对线位移,则单位载荷是施加在两点上的方向相反的一对单位力,其作用线与两点的连线重合。

所施加的单位载荷的指向可以任意假定,求得的位移若为正值,则表示所求位移与所加单位载荷的方向相同;若为负值,则表示所求位移与所加单位载荷的方向相反。

(3) 计算时,由单位载荷和实际载荷分别引起的内力应采用相同的正负号规定。在分段列内力方程时,载荷系统和单位载荷系统对所选取的坐标必须完全一致。

例 11-2 如图 11-9a)所示桁架结构,在节点 C 处受集中力 F 作用,试求节点 C 处的水平位移 Δ_{GH}。设各杆抗拉(压)刚度均为 EA。

解:(1) 如图 11-9b)、c)、d)所示,利用节点法可求得各杆轴力为

$$F_{\mathrm{N1}} = F, F_{\mathrm{N2}} = -\sqrt{2}F, F_{\mathrm{N3}} = -F, F_{\mathrm{N4}} = \sqrt{2}F, F_{\mathrm{N5}} = -F$$

(2) 在 C 点加一水平单位力如图 11-9e)所示,然后用节点法求得各杆的轴力为

$$F_{\mathrm{N1}}^0 = 1, F_{\mathrm{N2}}^0 = 0, F_{\mathrm{N3}}^0 = -1, F_{\mathrm{N4}}^0 = \sqrt{2}, F_{\mathrm{N5}}^0 = 0$$

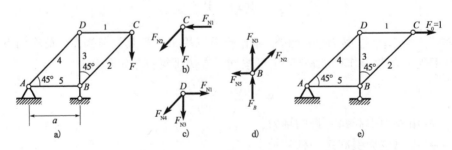

图 11-9

(3) 计算 Δ_{GH}。为便于计算,将以上结果填入表 11-1 中。

计 算 结 果　　　　　　表 11-1

杆 号	L_i	$F_{\mathrm{N}i}$	$F_{\mathrm{N}i}^0$	$F_{\mathrm{N}i}F_{\mathrm{N}i}^0 L_i$
1	a	F	1	Fa
2	$\sqrt{2}a$	$-\sqrt{2}F$	0	0

续上表

杆 号	L_i	F_{Ni}	F_{Ni}^0	$F_{Ni}F_{Ni}^0L_i$
3	a	$-F$	-1	Fa
4	$\sqrt{2}a$	$\sqrt{2}F$	$\sqrt{2}$	$2\sqrt{2}Fa$
5	a	$-F$	0	0

由表 11-1,得

$$\sum F_{Ni}F_{Ni}^0L_i = 2(1+\sqrt{2})Fa$$

$$\Delta_{GH} = \sum_{i=1}^{5}\frac{F_{Ni}F_{Ni}^0L_i}{EA} = \frac{2(1+\sqrt{2})Fa}{EA}(\rightarrow)$$

计算结果为正值,表明 Δ_{GH} 与单位力方向相同。

例 11-3 试求图 11-10 中梁 A 点的挠度和 B 截面的转角。

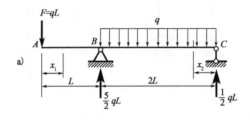

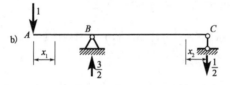

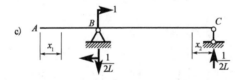

图 11-10

解:(1) 列 $M(x)$ 与 $M^0(x)$ 的方程。

AB 段:以 A 为原点,有

$$M(x_1) = -qLx_1, M^0(x_1) = -x_1, M^{0\prime}(x) = 0$$

CB 段:以 C 为原点,有

$$M(x_2) = \frac{qL}{2}x_2 - \frac{1}{2}qx_2^2, M^0(x_2) = -\frac{x_2}{2}, M^{0\prime}(x_2) = -\frac{x_2}{2L}$$

(2) 求 Δ_{AV} 和 θ_B。

$$\Delta_{AV} = \frac{1}{EI}\int_L M(x)M^0(x)\mathrm{d}x$$

$$= \frac{1}{EI}\left[\int_0^L(-qLx_1)(-x_1)\mathrm{d}x_1 + \int_0^{2L}\left(\frac{qL}{2}x_2 - \frac{1}{2}qx_2^2\right)\left(-\frac{x_2}{2}\right)\mathrm{d}x_2\right]$$

$$= \frac{2qL^4}{3EI}(\downarrow)$$

结果为正值，表示 A 点的挠度与单位力方向相同。

$$\theta_B = \frac{1}{EI}\int_0^{2L}\left(\frac{qL}{2}x_2 - \frac{1}{2}qx_2^2\right)\left(\frac{x_2}{2L}\right)dx_2 = \frac{qL^3}{3EI}(\curvearrowleft)$$

计算结果为负值，表示 B 截面的实际转向与单位力偶转向相反，应为逆时针方向。

例 11-4 如图 11-11a) 所示，一等截面刚架，在 AC 段上作用有均布载荷 q。已知其抗弯刚度 EI 为常量，试求 B 处的水平位移 Δ_{BH} 及 D 处扭角 θ_D。

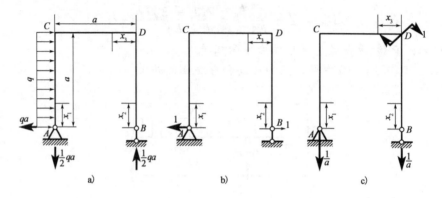

图 11-11

解：(1) 列刚架在载荷作用下各段的弯矩方程，得

$$M(x) = qax_1 - \frac{1}{2}qx_1^2, M(x_2) = 0, M(x_3) = \frac{1}{2}qax_3$$

(2) 求 B 处的水平位移。

在 B 处加水平单位力，如图 11-11b) 所示，列在单位载荷作用下各段的弯矩方程为

$$M^0(x_1) = x_1, M^0(x_2) = x_2, M^0(x_3) = a$$

因此

$$\Delta_{BH} = \int_l \frac{M(x)M^0(x)dx}{EI}$$

$$= \int_0^a \frac{M(x_1)M^0(x_1)dx_1}{EI} + \int_0^a \frac{M(x_2)M^0(x_2)dx_2}{EI} + \int_0^a \frac{M(x_3)M^0(x_3)dx_3}{EI}$$

$$= \frac{1}{EI}\left[\int_0^a (qax_1 - \frac{1}{2}qx_1^2)\cdot x_1 dx_1 + 0 + \int_0^a \frac{1}{2}qax_3\cdot a\,dx_3\right]$$

$$= \frac{11qa^4}{24EI}(\rightarrow)$$

(3) 求 D 截面转角。

在 D 截面处加单位力偶，如图 11-11c) 所示，列出各段的弯矩方程为

$$M^0(x_1) = 0, M^0(x_2) = 0, M^0(x_3) = \frac{x_3}{a} - 1$$

因此

$$\theta_D = \int_l \frac{M(x)M^0(x)dx}{EI}$$

$$= \frac{1}{EI}\left[\int_0^a M(x_1)M^0(x_1)\mathrm{d}x_1 + \int_0^a M(x_2)M^0(x_2)\mathrm{d}x_2 + \int_0^a M(x_3)M^0(x_3)\mathrm{d}x_3\right]$$

$$= \frac{1}{EI}\left[0 + 0 + \int_0^a \frac{qa}{2}x_3 \cdot \left(\frac{1}{a}x_3 - 1\right)\mathrm{d}x_3\right]$$

$$= -\frac{qa^3}{12EI}(\curvearrowleft)$$

负值表示 D 处转角应为逆时针方向。

例 11-5 如图 11-12a)所示,刚架 ABC 位于水平面内,在 A 点受垂直于水平面的载荷 F 作用。刚架的 EI 和 GI_P 已知,且为常量,试求 A 点垂直位移 Δ_{AV}。

解:(1)写弯矩方程和扭矩方程。在 A 点作用一个垂直于水平面的单位力,如图 11-12b)所示。

载荷 F 和单位力单独作用所引起的弯矩 $M(x)$、$M^0(x)$ 和扭矩 $T(x)$、$T^0(x)$ 分别为 AB 段($0 \leq x_1 \leq a$):

$$M(x_1) = -Fx_1, \quad M^0(x_1) = -x_1$$

BC 段($0 \leq x_2 \leq b$):

$$M(x_2) = -Fx_2, \quad M^0(x_2) = -x_2$$
$$T(x_2) = -Fa, \quad T^0(x_2) = -a$$

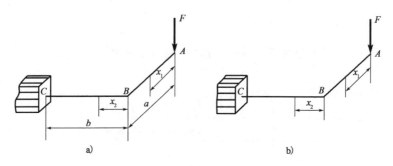

图 11-12

(2)求点 A 的垂直位移。

根据莫尔定理,得

$$\Delta_{AV} = \int_l \frac{M(x)M^0(x)\mathrm{d}x}{EI} + \int_l \frac{T(x)T^0(x)\mathrm{d}x}{GI_P}$$

$$= \frac{1}{EI}\left[\int_0^a(-Fx_1)(-x_1)\mathrm{d}x_1 + \int_0^b(-Fx_2)(-x_2)\mathrm{d}x_2\right] + \frac{1}{GI_P}\int_0^b(-Fa)(-d)\mathrm{d}x_2$$

$$= \frac{F(a^3+b^3)}{3EI} + \frac{Fa^2b}{GI_P}(\downarrow)$$

本章小结

本章主要介绍了以下内容。

(1)能量守恒

根据能量守恒原理,受载荷作用的变形体的应变能 V_ε 在数值上等于外力所做的功 W,即

$V_\varepsilon = W$。弹性体的应变能是可逆的,超出了弹性范围,塑性变形将消耗一部分能量,外力所做的功不能全部转变为应变能。

(2) 线弹性材料杆件的应变能

$$V_\varepsilon = W = \frac{1}{2}F_P \Delta l$$

(3) 几个重要定理

①功互等定理

$$F_{P1}\Delta_{12} = F_{P2}\Delta_{21}$$

②位移互等定理

$$\Delta_{12} = \Delta_{21}$$

③卡氏定理

$$\delta_i = \frac{\partial V_\varepsilon}{\partial P_i}$$

④单位载荷法,莫尔积分

$$\Delta_C = \int_l \frac{M(x) \cdot M^0(x)\,\mathrm{d}x}{EI}$$

习题

11-1 试求题 11-1 图中受扭圆轴 AB 和 BC 段的应变能比值及整个圆轴的应变能。

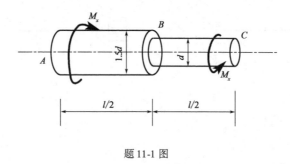

题 11-1 图

11-2 试求题 11-2 图所示结构的应变能。已知 AB、CD 杆的材料相同,截面面积分别为 A_1、A_2,AB 杆的抗弯刚度为 EI。

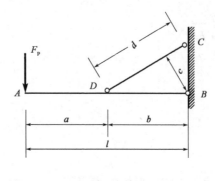

题 11-2 图

11-3 如题 11-3 图所示，外伸梁的自由端作用一力偶矩 m，试求跨度中点 C 的挠度 Δ_C。

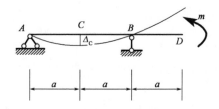

题 11-3 图

11-4 试求题 11-4 图中所示各刚架 A 截面的位移和 B 截面的转角。假设略去剪力和轴力的影响，EI 为已知。

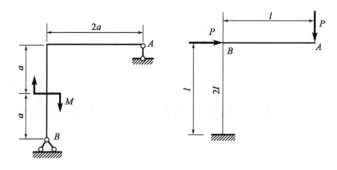

题 11-4 图

11-5 试求解题 11-5 图所示各静不定结构的约束力。已知各杆的 EI 相同。

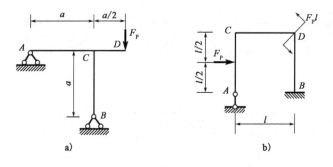

题 11-5 图

附录

附录 A 简单载荷作用下梁的挠度和转角

1. 悬臂梁

v -沿y方向的挠度
v_B -梁右端处的挠度
θ_B -梁右端处的转角

表 A-1

序号	梁的简图	挠曲线方程	转 角	挠 度
1		$v = -\dfrac{F_P x^2}{6EI}(3l - x)$	$\theta_B = -\dfrac{F_P l^2}{2EI}$	$v_B = -\dfrac{F_P l^3}{3EI}$
2		$v = -\dfrac{F_P x^2}{6EI}(3a - x), 0 \leqslant x \leqslant a$ $v = -\dfrac{F_P a^2}{6EI}(3x - a), 0 \leqslant x \leqslant l$	$\theta_B = -\dfrac{F_P a^2}{2EI}$	$v_B = -\dfrac{F_P a^2}{6EI}(3l - a)$
3		$v = -\dfrac{M x^2}{2EI}$	$\theta_B = -\dfrac{Ml}{EI}$	$v_B = -\dfrac{Ml^2}{2EI}$

续上表

序号	梁的简图	挠曲线方程	转角	挠度
4		$v = -\dfrac{Mx^2}{2EI}, 0 \leq x \leq a$ $v = -\dfrac{Ma}{EI}\left(x - \dfrac{a}{2}\right), a \leq x \leq l$	$\theta_B = -\dfrac{Ma}{EI}$	$v_B = -\dfrac{Ma}{EI}\left(l - \dfrac{a}{2}\right)$
5		$v = -\dfrac{qx^2}{24EI}(x^2 - 4lx + 6l^2)$	$\theta_B = -\dfrac{ql^3}{6EI}$	$v_B = -\dfrac{ql^4}{8EI}$
6		$v = -\dfrac{q_0 x^2}{120EIl}(10l^3 - 10l^2 x + 5lx^2 - x^3)$	$\theta_B = -\dfrac{q_0 l^3}{24EI}$	$v_B = -\dfrac{q_0 l^4}{30EI}$

2. 简支梁

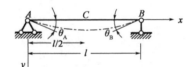

v -沿 y 方向的挠度
v_C -梁跨中央挠度
θ_A -梁左端处的转角
θ_B -梁右端处的转角

表 A-2

序号	梁的简图	挠曲线方程	转角	挠度
7		$v = -\dfrac{F_P x}{48EI}(3l^2 - 4x^2)$, $0 \leq x \leq \dfrac{l}{2}$	$\theta_A = -\dfrac{F_P l^2}{16EI}$ $\theta_B = \dfrac{F_P l^2}{16EI}$	$v_C = -\dfrac{F_P l^3}{48EI}$
8		$v = -\dfrac{F_P bx}{6EIl}(l^2 - x^2 - b^2)$, $0 \leq x \leq a$ $v = -\dfrac{F_P b}{6EIl}\left[\dfrac{1}{b}(x+a)^3 + (l^2 - b^2)x - x^3\right]$, $a \leq x \leq l$	$\theta_A = -\dfrac{F_P ab(l+b)}{6EIl}$ $\theta_B = \dfrac{F_P ab(l+a)}{6EIl}$	设 $a > b$ $v_C = -\dfrac{F_P b(3l^2 - 4b^2)}{48EI}$ $x_0 = \sqrt{\dfrac{l^2 - b^2}{3}}$ 时, $v_{max} = v(x_0)$ $= -\dfrac{F_P b(l^2 - b^2)^{3/2}}{9\sqrt{3} EIl}$
9		$v = -\dfrac{Mx}{6EIl}(l-x)(2l-x)$	$\theta_A = -\dfrac{Ml}{3EI}$ $\theta_B = \dfrac{-Ml}{6EI}$	$v_C = -\dfrac{Ml^2}{16EI}$ $x_0 = \left(1 - \dfrac{1}{\sqrt{3}}\right)l$ 时, $v_{max} = v(x_0)$ $= -\dfrac{Ml^2}{9\sqrt{3} EI}$

续上表

序号	梁的简图	挠曲线方程	转角	挠度
10		$v = -\dfrac{Mx}{6EI}(l^2 - x^2)$	$\theta_A = -\dfrac{Ml}{6EI}$ $\theta_B = \dfrac{-Ml}{3EI}$	$v_C = -\dfrac{Ml^2}{16EI}$ $x_0 = \dfrac{1}{\sqrt{3}}$ 时， $v_{\max} = v(x_0)$ $= -\dfrac{Ml^2}{9\sqrt{3}EI}$
11		$v = -\dfrac{Mx}{6EIl}(l^2 - 3b^2 - x^2),$ $0 \le x \le a$ $v = \dfrac{M}{6EIl}[-x^3 + 3l(x-a)^2 +$ $(l^2 - 3b^2)x], a \le x \le l$	$\theta_A = -\dfrac{Ml}{6EIl}(l^2 - 3b^2)$ $\theta_B = \dfrac{-Ml}{6EIl}(l^2 - 3a^2)$	当 $a = b = l/2$ 时， $v_C = 0$
12		$v = -\dfrac{qx}{24EI}(l^3 - 2lx^2 + x^3)$	$\theta_A = -\dfrac{ql^3}{24EI}$ $\theta_B = \dfrac{ql^3}{24EI}$	$v_C = -\dfrac{5ql^4}{384EI}$
13		$v = -\dfrac{q_0 x}{360EI}(7l^4 - 10l^2 x^2 + 3x^4)$	$\theta_A = -\dfrac{7q_0 l^3}{360EI}$ $\theta_B = \dfrac{q_0 l^3}{45EI}$	$v_C = -\dfrac{5q_0 l^4}{768EI}$ $x_0 = 0.519l$ 时， $v_{\max} = v(x_0)$ $= -\dfrac{5.01q_0 l^4}{768EI}$

附录 B 型钢规格表

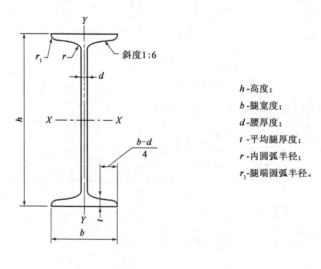

h - 高度；
b - 腿宽度；
d - 腰厚度；
t - 平均腿厚度；
r - 内圆弧半径；
r_1 - 腿端圆弧半径。

附图 B-1 工字钢截面图

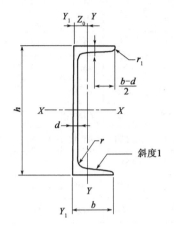

h -高度；
b -腿宽度；
d -腰厚度；
t -平均腿厚度；
r -内圆弧半径；
r_1 -腿端圆弧半径；
Z_0 -YY轴与Y_1Y_1轴间距。

图 B-2　槽钢截面图

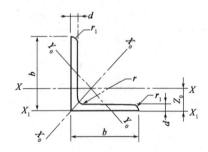

b -边宽度；
d -边厚度；
r -内圆弧半径；
r_1 -边端圆弧半径；
Z_0 -重心距离。

附图 B-3　等边角钢截面图

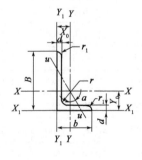

B -长边宽度；
b -短边宽度；
d -边厚度；
r -内圆弧半径；
r_1 -边端圆弧半径；
X_0 -重心距离；
Y_0 -重心距离

附图 B-4　不等边角钢截面图

工字钢截面尺寸、截面面积、理论质量及截面特性 表 B-1

型号	截面尺寸/mm						截面面积/cm²	理论质量/(kg/m)	惯性矩/cm⁴		惯性半径/cm		截面模数/cm³	
	h	b	d	t	r	r_1			I_x	I_y	i_x	i_y	W_x	W_y
10	100	68	4.5	7.6	6.5	3.3	14.345	11.261	245	33.0	4.14	1.52	49.0	9.72
12	120	74	5.0	8.4	7.0	3.5	17.818	13.987	436	46.9	4.95	1.62	72.7	12.7
12.6	126	74	5.0	8.4	7.0	3.5	18.118	14.223	488	46.9	5.20	1.61	77.5	12.7
14	140	80	5.5	9.1	7.5	3.8	21.516	16.890	712	64.4	5.76	1.73	102	16.1
16	160	88	6.0	9.9	8.0	4.0	26.131	20.513	1130	93.1	6.58	1.89	141	21.2
18	180	94	6.5	10.7	8.5	4.3	30.756	24.143	1660	122	7.36	2.00	185	26.0
20a	200	100	7.0	11.4	9.0	4.5	35.578	27.929	2370	158	8.15	2.12	237	31.5
20b	200	102	9.0	11.4	9.0	4.5	39.578	31.069	2500	169	7.96	2.06	250	33.1
22a	220	110	7.5	12.3	9.5	4.8	42.128	33.070	3400	225	8.99	2.31	309	40.9
22b	220	112	9.5	12.3	9.5	4.8	46.528	36.524	3570	239	8.78	2.27	325	42.7
24a	240	116	8.0	13.0	10.0	5.0	47.741	37.477	4570	280	9.77	2.42	381	48.4
24b	240	118	10.0	13.0	10.0	5.0	52.541	41.245	4800	297	9.57	2.38	400	50.4
25a	250	116	8.0	13.0	10.0	5.0	48.541	38.105	5020	280	10.2	2.40	402	48.3
25b	250	118	10.0	13.0	10.0	5.0	53.541	42.030	5280	309	9.94	2.40	423	52.4
27a	270	122	8.5	13.7	10.5	5.3	54.554	42.825	6550	345	10.9	2.51	485	56.6
27b	270	124	10.5	13.7	10.5	5.3	59.954	47.064	6870	366	10.7	2.47	509	58.9
28a	280	122	8.5	13.7	10.5	5.3	55.404	43.492	7110	345	11.3	2.50	508	56.6
28b	280	124	10.5	13.7	10.5	5.3	61.004	47.888	7480	379	11.1	2.49	534	61.2
30a	300	126	9.0	14.4	11.0	5.5	61.254	48.084	8950	400	12.1	2.55	597	63.5
30b	300	128	11.0	14.4	11.0	5.5	67.254	52.794	9400	422	11.8	2.50	627	65.9
30c	300	130	13.0	14.4	11.0	5.5	73.254	57.504	9850	445	11.6	2.46	657	68.5
32a	320	130	9.5	15.0	11.5	5.8	67.156	52.717	11100	460	12.8	2.62	692	70.8
32b	320	132	11.5	15.0	11.5	5.8	73.556	57.741	11600	502	12.6	2.61	726	76.0
32c	320	134	13.5	15.0	11.5	5.8	79.956	62.765	12200	544	12.3	2.61	760	81.2
36a	360	136	10.0	15.8	12.0	6.0	76.480	60.037	15800	552	14.4	2.69	875	81.2
36b	360	138	12.0	15.8	12.0	6.0	83.680	65.689	16500	582	14.1	2.64	919	84.3
36c	360	140	14.0	15.8	12.0	6.0	90.880	71.341	17300	612	13.8	2.60	962	87.4
40a	400	142	10.5	16.5	12.5	6.3	86.112	67.598	21700	660	15.9	2.77	1090	93.2
40b	400	144	12.5	16.5	12.5	6.3	94.112	73.878	22800	692	15.6	2.71	1140	96.2
40c	400	146	14.5	16.5	12.5	6.3	102.112	80.158	23900	727	15.2	2.65	1190	99.6

续上表

型号	截面尺寸/mm						截面面积/ cm²	理论质量/ (kg/m)	惯性矩/cm⁴		惯性半径/cm		截面模数/cm³	
	h	b	d	t	r	r_1			I_x	I_y	i_x	i_y	W_x	W_y
45a	450	150	11.5	18.0	13.5	6.8	102.446	80.420	32200	855	17.7	2.89	1430	114
45b		152	13.5				111.446	87.485	33800	894	17.4	2.84	1500	118
45c		154	15.5				120.446	94.550	35300	938	17.1	2.79	1570	122
50a	500	158	12.0	20.0	14.0	7.0	119.304	93.654	46500	1120	19.7	3.07	1860	142
50b		160	14.0				129.304	101.504	48600	1170	19.4	3.01	1940	146
50c		162	16.0				139.304	109.354	50600	1220	19.0	2.96	2080	151
55a	550	166	12.5	21.0	14.5	7.3	134.185	105.335	62900	1370	21.6	3.19	2290	164
55b		168	14.5				145.185	113.970	65600	1420	21.2	3.14	2390	170
55c		170	16.5				156.185	122.605	68400	1480	20.9	3.08	2490	175
56a	560	166	12.5	21.0	14.5	7.3	135.435	106.316	65600	1370	22.0	3.18	2340	165
56b		178	14.5				146.635	115.108	68500	1490	21.6	3.16	2450	174
56c		170	16.5				157.835	123.900	71400	1560	21.3	3.16	2550	183
63a	630	176	13.0	22.0	15.0	7.5	154.658	121.407	93900	1700	24.5	3.31	2980	193
63b		178	15.0				167.258	131.298	98100	1810	24.2	3.29	3160	204
63c		180	17.0				179.858	141.189	102000	1920	23.8	3.27	3300	214

注：表中 r 和 r_1 的数据用于孔型设计，不作为交货条件。

槽钢截面尺寸、截面面积、理论质量及截面特性　　　　表 B-2

型号	截面尺寸/mm						截面面积/ cm²	理论质量/ (kg/m)	惯性矩/cm⁴			惯性半径/cm		截面模数/cm³		重心距离/cm
	h	b	d	t	r	r_1			I_x	I_y	I_{y1}	i_x	i_y	W_x	W_y	Z_0
5	50	37	4.5	7.0	7.0	3.5	6.928	5.438	26.0	8.30	20.9	1.94	1.10	10.4	3.55	1.35
6.3	63	40	4.8	7.5	7.5	3.8	8.451	6.634	50.8	11.9	28.4	2.45	1.19	16.1	4.50	1.36
6.5	65	40	4.3	7.5	7.5	3.8	8.547	6.709	55.2	12.0	28.3	2.54	1.19	17.0	4.59	1.38
8	80	43	5.0	8.0	8.0	4.0	10.248	8.045	101	16.6	37.4	3.15	1.27	25.3	5.79	1.43
10	100	48	5.3	8.5	8.5	4.2	12.748	10.007	198	25.6	54.9	3.95	1.41	39.7	7.80	1.52
12	120	53	5.5	9.0	9.0	4.5	15.362	12.059	346	37.4	77.7	4.75	1.56	57.7	10.2	1.62
12.6	126	53	5.5	9.0	9.0	4.5	15.692	12.318	391	38.0	77.1	4.95	1.57	62.1	10.2	1.59
14a	140	58	6.0	9.5	9.5	4.8	18.516	14.535	564	53.2	107	5.52	1.70	80.5	13.0	1.71
14b		60	8.0				21.316	16.733	609	61.1	121	5.35	1.69	87.1	14.1	1.67

续上表

型号	截面尺寸/mm						截面面积/cm^2	理论质量/(kg/m)	惯性矩/cm^4			惯性半径/cm		截面模数/cm^3		重心距离/cm
	h	b	d	t	r	r_1			I_x	I_y	I_{y1}	i_x	i_y	W_x	W_y	Z_0
16a	160	63	6.5	10.0	10.0	5.0	21.962	17.24	866	73.3	144	6.28	1.83	108	16.3	1.80
16b		65	8.5				25.162	19.752	935	83.4	161	6.10	1.82	117	17.6	1.75
18a	180	68	7.0	10.5	10.5	5.2	25.699	20.174	1270	98.6	190	7.04	1.96	141	20.0	1.88
18b		70	9.0				29.299	23.000	1370	111	210	6.84	1.95	152	21.5	1.84
20a	220	73	7.0	11.0	11.0	5.5	28.837	22.637	1780	128	244	7.86	2.11	178	24.2	2.01
20b		75	9.0				32.837	25.777	1910	144	268	7.64	2.09	191	25.9	1.95
22a	220	77	7.0	11.5	11.5	5.8	31.846	24.999	2390	158	298	8.67	2.23	218	28.2	2.10
22b		79	9.0				36.246	28.453	2570	176	326	8.42	2.21	234	30.1	2.03
24a	240	78	7.0	12.0	12.0	6.0	34.217	26.860	3050	174	325	9.45	2.25	254	30.5	2.10
24b		80	9.0				39.017	30.628	3280	194	355	9.17	2.23	274	32.5	2.03
24c		82	11.0				43.817	34.396	3510	213	388	8.96	2.21	293	34.4	2.00
25a	250	78	7.0				34.917	27.410	3370	176	322	9.82	2.24	270	30.6	2.07
25b		80	9.0				39.917	31.335	3530	196	353	9.41	2.22	282	32.7	1.98
25c		82	11.0				44.917	35.260	3690	218	384	9.07	2.21	295	35.9	1.92
27a	270	82	7.5	12.5	12.5	6.2	39.284	30.838	4360	216	393	10.5	2.34	323	35.5	2.13
27b		84	9.5				44.684	35.077	4690	239	428	10.3	2.31	347	37.7	2.06
27c		86	11.5				50.084	39.316	5020	261	467	10.1	2.28	372	39.8	2.03
28a	280	82	7.5				40.034	31.427	4760	218	388	10.9	2.33	340	35.7	2.10
28b		84	9.5				45.634	35.823	5130	242	428	10.6	2.30	366	37.9	2.02
28c		86	11.5				51.234	40.219	5500	268	463	10.4	2.29	393	40.3	1.95
30a	300	85	7.5	13.5	13.5	6.8	43.902	34.463	6050	260	467	11.7	2.43	403	41.1	2.17
30b		87	9.5				49.902	39.173	6500	289	515	11.4	2.41	433	44.0	2.13
30c		89	11.5				55.902	43.883	6950	316	560	11.2	2.38	463	46.4	2.09
32a	320	88	8.0	14.0	14.0	7.0	48.513	38.083	7600	305	552	12.5	2.50	475	46.5	2.24
32b		90	10.0				54.913	43.107	8140	336	593	12.2	2.47	509	49.2	2.16
32c		92	12.0				61.313	48.131	8690	374	643	11.9	2.47	543	52.6	2.09
36a	360	96	9.0	16.0	16.0	8.0	60.910	47.814	11900	455	818	14.0	2.73	660	63.5	2.44
36b		98	11.0				68.110	53.466	12700	497	880	13.6	2.70	703	66.9	2.37
36c		100	13.0				75.310	59.118	13400	536	948	13.4	2.67	746	70.0	2.34
40a	400	100	10.5	18.0	18.0	9.0	75.068	58.928	17600	592	1070	15.3	2.81	879	78.8	2.49
40b		102	12.5				83.068	65.208	18600	640	114	15.0	2.78	932	82.5	2.44
40c		104	14.5				91.068	71.488	19700	688	1220	14.7	2.75	986	86.2	2.42

注:表中 r 和 r_1 的数据用于孔型设计,不作为交货条件。

等边角钢截面尺寸、截面面积、理论质量及截面特性　　　　表 B-3

型号	截面尺寸/mm			截面面积/cm²	理论质量/(kg/m)	外表面积/(m²/m)	惯性矩/cm⁴				惯性半径/cm			截面模数/cm³			重心距离/cm
	b	d	r				I_x	I_{x1}	I_{x0}	I_{y0}	i_x	i_{x0}	i_{y0}	W_x	W_{x0}	W_{y0}	Z_0
2	20	3	3.5	1.132	0.889	0.078	0.40	0.81	0.63	0.17	0.59	0.75	0.39	0.29	0.45	0.20	0.60
		4		1.459	1.145	0.077	0.50	1.09	0.78	0.22	0.58	0.73	0.38	0.36	0.55	0.24	0.64
2.5	25	3		1.432	1.124	0.098	0.82	1.57	1.29	0.34	0.76	0.95	0.49	0.46	0.73	0.33	0.73
		4		1.859	1.459	0.097	1.03	2.11	1.62	0.43	0.74	0.93	0.48	0.59	0.92	0.40	0.76
3.0	30	3	4.5	1.749	1.373	0.117	1.46	2.71	2.31	0.61	0.91	1.15	0.59	0.68	1.09	0.51	0.85
		4		2.276	1.786	0.117	1.84	3.63	2.92	0.77	0.90	1.13	0.58	0.87	1.37	0.62	0.89
3.6	36	3		2.109	1.656	0.141	2.58	4.68	4.09	1.07	1.11	1.39	0.71	0.99	1.61	0.76	1.00
		4		2.756	2.163	0.141	3.29	6.25	5.22	1.37	1.09	1.38	0.70	1.28	2.05	0.93	1.04
		5		3.382	2.654	0.141	3.95	7.84	6.24	1.65	1.08	1.36	0.70	1.56	2.45	1.00	1.07
4	40	3	5	2.359	1.852	0.157	3.59	6.41	5.69	1.49	1.23	1.55	0.79	1.23	2.01	0.96	1.09
		4		3.086	2.422	0.157	4.60	8.56	7.29	1.91	1.22	1.54	0.79	1.60	2.58	1.19	1.13
		5		3.791	2.976	0.156	5.53	10.74	8.76	2.30	1.21	1.52	0.78	1.96	3.10	1.39	1.17
4.5	45	3		2.659	2.088	0.177	5.17	9.12	8.20	2.14	1.40	1.76	0.89	1.58	2.58	1.24	1.22
		4		3.486	2.736	0.177	6.65	12.18	10.56	2.75	1.38	1.74	0.89	2.05	3.32	1.54	1.26
		5		4.292	3.369	0.176	8.04	15.2	12.74	3.33	1.37	1.72	0.88	2.51	4.00	1.81	1.30
		6		5.076	3.985	0.176	9.33	18.36	14.76	3.89	1.36	1.70	0.8	2.95	4.64	2.06	1.33
5	50	3	5.5	2.971	2.332	0.197	7.18	12.5	11.37	2.98	1.55	1.96	1.00	1.96	3.22	1.57	1.34
		4		3.897	3.059	0.197	9.26	16.69	14.70	3.82	1.54	1.94	0.99	2.56	4.16	1.96	1.38
		5		4.803	3.770	0.196	11.21	20.90	17.79	4.64	1.53	1.92	0.98	3.13	5.03	2.31	1.42
		6		5.688	4.465	0.196	13.05	25.14	20.68	5.42	1.52	1.91	0.98	3.68	5.85	2.63	1.46
5.6	56	3	6	3.343	2.624	0.221	10.19	17.56	16.14	4.24	1.75	2.20	1.13	2.48	4.08	2.02	1.48
		4		4.390	3.446	0.220	13.18	23.43	20.92	5.46	1.73	2.18	1.11	3.24	5.28	2.52	1.53
		5		5.415	4.251	0.220	16.02	29.33	25.42	6.61	1.72	2.17	1.10	3.97	6.42	2.98	1.57
		6		6.420	5.040	0.220	18.69	35.26	29.66	7.73	1.71	2.15	1.10	4.68	7.49	3.40	1.61
		7		7.404	5.812	0.219	21.23	41.23	33.63	8.82	1.69	2.13	1.09	5.36	8.49	3.80	1.64
		8		8.367	6.568	0.219	23.63	47.24	37.37	9.89	1.68	2.11	1.09	6.03	9.44	4.16	1.68
6	60	5	6.5	5.829	4.576	0.236	19.89	36.05	31.57	8.21	1.86	2.33	1.19	4.59	7.44	3.48	1.67
		6		6.914	5.427	0.235	23.25	43.33	36.89	9.60	1.83	2.31	1.18	5.41	8.70	3.98	1.70
		7		7.977	6.262	0.235	26.44	50.65	41.92	10.96	1.82	2.29	1.17	6.21	9.88	4.45	1.74
		8		9.020	7.081	0.235	29.47	58.02	46.66	12.28	1.81	2.27	1.17	6.98	11.00	4.88	1.78

续上表

型号	截面尺寸/mm			截面面积/cm²	理论质量/(kg/m)	外表面积/(m²/m)	惯性矩/cm⁴				惯性半径/cm			截面模数/cm³			重心距离/cm
	b	d	r				I_x	I_{x1}	I_{x0}	I_{y0}	i_x	i_{x0}	i_{y0}	W_x	W_{x0}	W_{y0}	Z_0
6.3	63	4	7	4.978	3.907	0.248	19.03	33.35	30.17	7.89	1.96	2.46	1.26	4.13	6.78	3.29	1.70
		5		6.143	4.822	0.248	23.17	41.73	36.77	9.57	1.94	2.45	1.25	5.08	8.25	3.90	1.74
		6		7.288	5.721	0.247	27.12	50.14	43.03	11.20	1.93	2.43	1.24	6.00	9.66	4.46	1.78
		7		8.412	6.603	0.247	30.87	58.60	48.96	12.79	1.92	2.41	1.23	6.88	10.99	4.98	1.82
		8		9.515	7.469	0.247	34.46	67.11	54.56	14.33	1.90	2.40	1.23	7.75	12.25	5.47	1.85
		10		11.657	9.151	0.246	41.09	84.31	64.85	17.33	1.88	2.36	1.22	9.39	14.56	6.36	1.93
7	70	4	8	5.570	4.372	0.275	26.39	45.74	41.80	10.99	2.18	2.74	1.40	5.14	8.44	4.17	1.86
		5		6.875	5.397	0.275	32.21	57.21	51.08	13.31	2.16	2.73	1.39	6.32	10.32	4.95	1.91
		6		8.160	6.406	0.275	37.77	68.73	59.93	15.61	2.15	2.71	1.38	7.48	12.11	5.67	1.95
		7		9.424	7.398	0.275	43.09	80.29	68.35	17.82	2.14	2.69	1.38	8.59	13.81	6.34	1.99
		8		10.667	8.373	0.274	48.17	91.92	76.37	19.98	2.12	2.68	1.37	9.68	15.43	6.98	2.03
7.5	75	5	9	7.412	5.818	0.295	39.97	70.56	63.30	16.63	2.33	2.92	1.50	7.32	11.94	5.77	2.04
		6		8.797	6.905	0.294	46.95	84.55	74.38	19.51	2.31	2.90	1.49	8.64	14.02	6.67	2.07
		7		10.160	7.976	0.294	53.57	98.71	84.96	22.18	2.30	2.89	1.48	9.93	16.02	7.44	2.11
		8		11.503	9.030	0.294	59.96	112.97	95.07	24.86	2.28	2.88	1.47	11.20	17.93	8.19	2.15
		9		12.825	10.068	0.294	66.10	127.30	104.71	27.48	2.27	2.86	1.46	12.43	19.75	8.89	2.18
		10		14.126	11.089	0.293	71.98	141.71	113.92	30.05	2.26	2.84	1.46	13.64	21.48	9.56	2.22
8	80	5	9	7.912	6.211	0.315	48.79	85.36	77.33	20.25	2.48	3.13	1.60	8.34	13.67	6.66	2.15
		6		9.397	7.376	0.314	57.35	102.50	90.98	23.72	2.47	3.11	1.59	9.87	16.08	7.65	2.19
		7		10.860	8.525	0.314	65.58	119.70	104.07	27.09	2.46	3.10	1.58	11.37	18.40	8.58	2.23
		8		12.303	9.658	0.314	73.49	136.97	116.60	30.39	2.44	3.08	1.57	12.83	20.61	9.46	2.27
		9		13.725	10.774	0.314	81.11	154.31	128.60	33.61	2.43	3.06	1.56	14.25	22.73	10.29	2.31
		10		15.126	11.874	0.313	88.43	171.74	140.09	36.77	2.42	3.04	1.56	15.64	24.76	11.08	2.35
9	90	6	10	10.637	8.350	0.354	82.77	145.87	131.26	34.28	2.79	3.51	1.80	12.61	20.63	9.95	2.44
		7		12.301	9.656	0.354	94.83	170.30	150.47	39.18	2.78	3.50	1.78	14.54	23.64	11.19	2.48
		8		13.944	10.946	0.353	106.47	194.80	168.97	43.97	2.76	3.48	1.78	16.42	26.55	12.35	2.52
		9		15.566	12.219	0.353	117.72	219.39	186.77	48.66	2.75	3.46	1.77	18.27	29.35	13.46	2.56
		10		17.167	13.476	0.353	128.58	244.07	203.90	53.26	2.74	3.45	1.76	20.07	32.04	14.52	2.59
		12		20.306	15.940	0.352	149.22	293.76	236.21	62.22	2.71	3.41	1.75	23.57	37.12	16.49	2.67

续上表

型号	截面尺寸/mm			截面面积/cm²	理论质量/(kg/m)	外表面积/(m²/m)	惯性矩/cm⁴				惯性半径/cm			截面模数/cm³			重心距离/cm
	b	d	r				I_x	I_{x1}	I_{x0}	I_{y0}	i_x	i_{x0}	i_{y0}	W_x	W_{x0}	W_{y0}	Z_0
10	100	6	12	11.932	9.366	0.393	114.95	200.07	181.98	47.92	3.10	3.90	2.00	15.68	25.74	12.69	2.67
		7		13.796	10.830	0.393	131.86	233.54	208.97	54.74	3.09	3.89	1.99	18.10	29.55	14.26	2.71
		8		15.638	12.276	0.393	148.24	267.09	235.07	61.41	3.08	3.88	1.98	20.47	33.24	15.75	2.76
		9		17.462	13.708	0.392	164.12	300.73	260.30	67.95	3.07	3.86	1.97	22.79	36.81	17.18	2.80
		10		19.261	15.120	0.392	179.51	334.48	284.68	74.35	3.05	3.84	1.96	25.06	40.26	18.54	2.84
		12		22.800	17.898	0.391	208.90	402.34	330.95	86.84	3.03	3.81	1.95	29.48	46.80	21.08	2.91
		14		26.256	20.611	0.391	236.53	470.75	374.06	99.00	3.00	3.77	1.94	33.73	52.90	23.44	2.99
		16		29.627	23.257	0.390	262.53	539.80	414.16	110.89	2.98	3.74	1.94	37.82	58.57	25.63	3.06
11	110	7	12	15.196	11.928	0.433	177.16	310.64	280.94	73.38	3.41	4.30	2.20	22.05	36.12	17.51	2.96
		8		17.238	13.535	0.433	199.46	355.20	316.49	82.42	3.40	4.28	2.19	24.95	40.69	19.39	3.01
		10		21.261	16.690	0.432	242.19	444.65	384.39	99.98	3.38	4.25	2.17	30.60	49.42	22.91	3.09
		12		25.200	19.782	0.431	282.55	534.60	448.17	116.93	3.35	4.22	2.15	36.05	57.62	26.15	3.16
		14		29.056	22.809	0.431	320.71	625.16	508.01	133.40	3.32	4.18	2.14	41.31	65.31	29.14	3.24
12.5	125	8		19.750	15.504	0.492	297.03	521.01	470.89	123.16	3.88	4.88	2.50	32.52	53.28	25.86	3.37
		10		24.373	19.133	0.491	361.67	651.93	573.89	149.46	3.85	4.85	2.48	39.97	64.93	30.62	3.45
		12		28.912	22.696	0.491	423.16	783.42	671.44	174.88	3.83	4.82	2.46	41.17	75.96	35.03	3.53
		14		33.367	26.193	0.490	481.65	915.61	763.73	199.57	3.80	4.78	2.45	54.16	86.41	39.13	3.61
		16		37.739	29.625	0.489	537.71	1048.62	850.98	223.65	3.77	4.75	2.43	60.93	96.28	42.96	3.68
14	140	10	14	27.373	21.488	0.551	514.65	915.11	817.27	212.04	4.34	5.46	2.78	50.58	82.56	39.20	3.82
		12		32.512	25.522	0.551	603.68	1099.28	958.79	248.57	4.31	5.43	2.76	59.80	96.85	45.02	3.90
		14		37.567	29.490	0.550	688.81	1284.22	1093.56	284.06	4.28	5.40	2.75	68.75	110.47	50.45	3.98
		16		42.539	33.393	0.549	770.24	1470.07	1221.81	318.67	4.26	5.36	2.74	77.46	123.42	55.55	4.06
15	150	8		23.750	18.644	0.592	521.37	899.55	827.49	215.25	4.69	5.90	3.01	47.36	78.02	38.14	3.99
		10		29.373	23.058	0.591	637.50	1125.09	1012.79	262.21	4.66	5.87	2.99	58.35	95.49	45.51	4.08
		12		34.912	27.406	0.591	748.85	1351.26	1189.97	307.73	4.63	5.84	2.97	69.04	112.19	52.38	4.15
		14		40.367	31.688	0.590	855.64	1578.25	1359.30	351.98	4.60	5.80	2.95	79.45	128.16	58.63	4.23
		15		43.063	33.804	0.590	907.39	1692.10	1441.09	373.69	4.59	5.78	2.95	84.56	135.87	61.90	4.27
		16		45.739	35.905	0.589	958.08	1806.21	1521.02	395.14	4.58	5.77	2.94	89.59	143.40	64.89	4.31

续上表

型号	截面尺寸 /mm			截面面积 /cm²	理论质量 /(kg/m)	外表面积 /(m²/m)	惯性矩/cm⁴				惯性半径/cm			截面模数/cm³			重心距离/cm
	b	d	r				I_x	I_{x1}	I_{x0}	I_{y0}	i_x	i_{x0}	i_{y0}	W_x	W_{x0}	W_{y0}	Z_0
16	160	10	16	31.502	24.729	0.630	779.53	1365.33	1237.30	321.76	4.98	6.27	3.20	66.70	109.36	52.76	4.31
		12		37.441	29.391	0.630	916.58	1639.57	1455.68	377.49	4.95	6.24	3.18	78.98	128.67	60.74	4.39
		14		43.296	33.987	0.629	1048.36	1914.68	1655.02	431.70	4.92	6.20	3.16	90.95	147.17	68.24	4.47
		16		49.067	38.518	0.629	1175.08	2190.82	1855.57	484.59	4.89	6.17	3.14	102.63	164.89	75.31	4.55
18	180	12		42.241	33.159	0.710	1321.35	2332.80	2100.10	542.61	5.59	7.05	3.58	100.82	165.00	78.41	4.89
		14		48.896	38.383	0.709	1514.48	2723.48	2407.42	621.53	5.56	7.02	3.56	116.25	189.14	88.38	4.97
		16		55.467	43.542	0.709	1700.99	3115.29	2703.37	698.60	5.54	6.98	3.55	131.13	212.40	97.83	5.05
		18		61.055	48.634	0.708	1875.12	3502.43	2988.24	762.01	5.50	6.94	3.51	145.64	234.78	105.14	5.13
20	200	14	18	54.642	42.894	0.788	2103.55	3734.10	3343.26	863.83	6.20	7.82	3.98	144.70	236.40	111.82	5.46
		16		62.013	48.680	0.788	2366.15	4270.39	3760.89	971.41	6.18	7.79	3.96	163.65	265.93	123.96	5.54
		18		69.301	54.401	0.787	2620.64	4808.13	4164.54	1076.74	6.15	7.75	3.94	182.22	294.48	135.52	5.62
		20		76.505	60.056	0.787	2867.30	5347.51	4554.55	1180.04	6.12	7.72	3.93	200.42	322.06	146.55	5.69
		24		90.661	71.168	0.785	3338.25	6457.16	5294.97	1381.53	6.07	7.64	3.90	236.17	374.41	166.65	5.87
22	220	16	21	68.664	53.901	0.866	3187.36	5681.62	5063.73	1310.99	6.81	8.59	4.37	199.55	325.51	153.81	6.03
		18		76.752	60.250	0.866	3534.30	6395.93	5615.32	1453.27	6.79	8.55	4.35	222.37	360.97	168.29	6.11
		20		84.756	66.533	0.865	3871.49	7112.04	6150.08	1592.90	6.76	8.52	4.34	244.77	395.34	182.16	6.18
		22		92.676	72.751	0.865	4199.23	7830.19	6668.37	1730.10	6.73	8.48	4.32	266.78	428.66	195.45	6.26
		24		100.512	79.902	0.864	4517.83	8550.57	7170.55	1865.11	6.70	8.45	4.31	288.39	460.94	208.21	6.33
		26		108.264	84.987	0.864	4827.58	9273.39	7656.98	1998.17	6.68	8.41	4.30	309.62	492.21	220.49	6.41
25	250	18	24	87.842	68.956	0.985	5268.22	9379.11	8369.04	2167.41	7.74	9.76	4.97	290.12	473.42	224.03	6.84
		20		97.045	76.180	0.984	5779.34	10426.97	9181.94	2376.74	7.72	9.73	4.95	319.66	519.41	242.85	6.92
		24		115.201	90.433	0.983	6763.93	12529.74	10742.67	2785.19	7.66	9.56	4.92	377.34	607.70	278.38	7.07
		26		124.154	97.461	0.982	7238.08	13585.18	11491.33	2984.84	7.63	9.62	4.90	405.50	650.05	295.19	7.15
		28		133.022	104.422	0.982	7700.60	14643.62	12219.39	3181.81	7.61	9.58	4.89	433.22	691.23	311.42	7.22
		30		141.807	111.318	0.981	8151.80	15705.30	12927.26	3376.34	7.58	9.55	4.88	460.51	731.28	327.12	7.30
		32		150.508	118.149	0.981	8592.01	16770.41	13615.32	3568.71	7.56	9.51	4.87	487.39	770.20	342.33	7.37
		35		163.402	128.271	0.980	9232.44	18374.95	14611.16	3853.72	7.52	9.46	4.86	526.97	826.53	364.30	7.48

注：截面图中的 $r_1 = 1/3d$ 及表中 r 的数据用于孔型设计，不作为交货条件。

不等边角钢截面尺寸、截面面积、理论质量及截面特性 表 B-4

型号	截面尺寸 /mm				截面面积 /cm²	理论质量/ (kg/m)	外表面积/ (m²/m)	惯性矩 /cm⁴					惯性半径 /cm			截面模数 /cm³			$\tan\alpha$	重心距离 /cm	
	B	b	d	r				I_x	I_{x1}	I_y	I_{y1}	I_u	i_x	i_y	i_u	W_x	W_y	W_u		X_0	Y_0
2.5/ 1.6	25	16	3	3.5	1.162	0.912	0.080	0.70	1.56	0.22	0.43	0.14	0.78	0.44	0.34	0.43	0.19	0.16	0.392	0.42	0.86
			4		1.499	1.176	0.079	0.88	2.09	0.27	0.59	0.17	0.77	0.43	0.34	0.55	0.24	0.20	0.381	0.46	1.86
3.2/ 2	32	20	3	3.5	1.492	1.171	0.102	1.53	3.27	0.46	0.82	0.28	1.01	0.55	0.43	0.72	0.30	0.25	0.382	0.49	0.90
			4		1.939	1.522	0.101	1.93	4.37	0.57	1.12	0.35	1.00	0.54	0.42	0.93	0.39	0.32	0.374	0.53	1.08
4/ 2.5	40	25	3	4	1.890	1.484	0.127	3.08	5.39	0.93	1.59	0.56	1.28	0.70	0.54	1.15	0.49	0.40	0.385	0.59	1.12
			4		2.467	1.936	0.127	3.93	8.53	1.18	2.14	0.71	1.36	0.69	0.54	1.49	0.63	0.52	0.381	0.63	1.32
4.5/ 2.8	45	28	3	5	2.149	1.687	0.143	445	9.10	1.34	2.23	0.80	1.44	0.79	0.61	1.47	0.62	0.51	0.383	0.64	1.37
			4		2.806	2.203	0.143	5.69	12.13	1.70	3.00	1.02	1.42	0.78	0.60	1.91	0.80	0.66	0.380	0.68	1.47
5/ 3.2	50	32	3	5.5	2.431	1.908	0.161	6.24	12.49	2.02	3.31	1.20	1.60	0.91	0.70	1.84	0.82	0.68	0.404	0.73	1.51
			4		3.177	2.494	0.160	8.02	16.65	2.58	4.45	1.53	1.59	0.90	0.69	2.39	1.06	0.87	0.402	0.77	1.60
5.6/ 3.6	56	35	3	6	2.743	2.153	0.181	8.88	17.54	2.92	4.70	1.73	1.80	1.03	0.79	2.32	1.05	0.87	0.408	0.80	1.65
			4		3.590	2.818	0.180	11.45	23.39	3.76	6.33	2.23	1.79	1.02	0.79	3.03	1.37	1.13	0.408	0.85	1.78
			5		4.415	3.466	0.180	13.86	29.25	4.49	7.94	2.67	1.77	1.01	0.78	3.71	1.65	1.36	0.404	0.88	1.82
6.3/ 4	63	40	4	7	4.058	3.185	0.202	16.49	33.30	5.23	8.63	3.12	2.02	1.14	0.88	3.87	1.70	1.40	0.398	0.92	1.87
			5		4.993	3.920	0.202	20.02	41.63	6.31	10.86	3.76	2.00	1.12	0.87	4.74	2.07	1.71	0.396	0.95	2.04
			6		5.908	4.638	0.201	23.36	49.98	7.29	13.12	4.34	1.96	1.11	0.86	5.59	2.43	1.99	0.393	0.99	2.08
			7		6.802	5.339	0.201	26.53	58.07	8.24	15.47	4.97	1.98	1.10	0.86	6.40	2.78	2.29	0.389	1.03	2.12
7/ 4.5	70	45	4	7.5	4.547	3.570	0.226	23.17	45.92	7.55	12.26	4.40	2.26	1.29	0.98	4.86	2.17	1.77	0.410	1.02	2.15
			5		5.609	4.403	0.225	27.95	57.10	9.13	15.39	5.40	2.23	1.28	0.98	5.92	2.65	2.19	0.407	1.06	2.24
			6		6.647	5.218	0.225	32.54	68.35	10.62	18.58	6.35	2.21	1.26	0.98	6.95	3.12	2.59	0.404	1.09	2.28
			7		7.657	6.011	0.225	37.22	79.99	12.01	21.84	7.16	2.20	1.25	0.97	8.03	3.57	2.94	0.402	1.13	2.32
7.5/ 5	75	50	5	8	6.125	4.808	0.245	34.86	70.00	12.61	21.04	7.41	2.39	1.44	1.10	6.83	3.30	2.74	0.435	1.17	2.36
			6		7.260	5.699	0.245	41.12	84.30	14.70	25.37	8.54	2.38	1.42	1.08	8.12	3.88	3.19	0.435	1.21	2.40
			8		9.467	7.431	0.244	52.39	112.50	18.53	34.23	10.87	2.35	1.40	1.07	10.52	4.99	4.10	0.429	1.29	2.44
			10		11.590	9.098	0.244	62.71	140.80	21.96	43.43	13.10	2.33	1.38	1.06	12.79	6.04	4.99	0.423	1.36	2.52
8/ 5	80	50	5	8	6.375	5.005	0.255	41.96	85.21	12.82	21.06	7.66	2.56	1.42	1.10	7.78	3.32	2.74	0.388	1.14	2.60
			6		7.560	5.935	0.255	49.49	102.53	14.95	25.41	8.85	2.56	1.41	1.08	9.25	3.91	3.20	0.387	1.18	2.65
			7		8.724	6.848	0.255	56.16	119.33	46.96	29.82	10.18	2.54	1.39	1.08	10.58	4.48	3.70	0.384	1.21	2.69
			8		9.867	7.745	0.254	62.83	136.41	18.85	34.32	11.38	2.52	1.38	1.07	11.92	5.03	4.16	0.381	1.25	2.73
9/ 5.6	90	56	5	9	7.212	5.661	0.287	60.45	121.32	18.32	29.53	10.98	2.90	1.59	1.23	9.92	4.21	3.49	0.385	1.25	2.91
			6		8.557	6.717	0.286	71.03	145.59	21.42	35.58	12.90	2.88	1.58	1.23	11.74	4.96	4.13	0.384	1.29	2.95
			7		9.880	7.756	0.286	81.01	169.60	24.36	41.71	14.67	2.86	1.57	1.22	13.49	5.70	4.72	0.382	1.33	3.00
			8		11.183	8.779	0.286	91.03	194.17	27.15	47.93	16.34	2.85	1.56	1.21	15.27	6.41	5.29	0.380	1.36	3.04

续上表

型号	截面尺寸 /mm				截面面积 /cm²	理论质量 /(kg/m)	外表面积 /(m²/m)	惯性矩 /cm⁴					惯性半径 /cm			截面模数 /cm³			tanα	重心距离 /cm	
	B	b	d	r				I_x	I_{x1}	I_y	I_{y1}	I_u	i_x	i_y	i_u	W_x	W_y	W_u		X_0	Y_0
10/6.3	100	63	6	10	9.617	7.550	0.320	99.06	199.71	30.94	50.50	18.42	3.21	1.79	1.38	14.64	6.35	5.25	0.394	1.43	3.24
			7		11.111	8.722	0.320	113.45	233.00	35.26	59.14	21.00	3.20	1.78	1.38	16.88	7.29	6.02	0.394	1.47	3.28
			8		12.534	9.878	0.319	127.37	266.32	39.39	67.88	23.50	3.18	1.77	1.37	19.08	8.21	6.78	0.391	1.50	3.32
			10		15.467	12.142	0.319	153.81	333.06	47.12	85.73	28.33	3.15	1.74	1.35	23.32	9.98	8.24	0.387	1.58	3.40
10/8	100	80	6	10	10.637	8.350	0.354	107.04	199.83	61.24	102.68	31.65	3.17	2.40	1.72	15.19	10.16	8.37	0.627	1.97	2.95
			7		12.301	9.656	0.354	122.73	233.20	70.08	119.98	36.17	3.16	2.39	1.72	17.52	11.71	9.60	0.626	2.01	3.0
			8		13.944	10.946	0.353	137.92	266.61	78.58	137.37	40.58	3.14	2.37	1.71	19.81	13.21	10.80	0.625	2.05	3.04
			10		17.167	13.476	0.353	166.87	333.63	94.65	172.48	49.10	3.12	2.35	1.69	24.24	16.12	13.12	0.622	2.13	3.12
11/7	110	70	6	10	10.637	8.350	0.354	133.37	265.78	42.92	69.08	25.36	3.54	2.01	1.54	17.85	7.90	6.53	0.403	1.57	3.53
			7		12.301	9.656	0.354	153.00	310.07	49.01	80.82	28.95	3.53	2.00	1.53	20.60	9.09	7.50	0.402	1.61	3.57
			8		13.944	10.946	0.353	172.04	354.39	54.87	92.70	32.45	3.51	1.98	1.53	23.30	10.25	8.45	0.401	1.65	3.62
			10		17.167	13.476	0.353	208.39	443.13	65.88	116.83	39.20	3.48	1.96	1.51	28.54	12.48	10.29	0.397	1.72	3.70
12.5/8	125	80	7	11	14.096	11.066	0.403	227.98	454.99	74.42	120.32	43.81	4.02	2.30	1.76	26.86	12.01	9.92	0.408	1.80	4.01
			8		15.989	12.551	0.403	256.77	519.99	83.49	137.85	49.15	4.01	2.28	1.75	30.41	13.56	11.18	0.407	1.84	4.06
			10		19.712	15.474	0.402	312.04	650.09	100.67	173.40	59.45	3.98	2.26	1.74	37.33	16.56	13.64	0.404	1.92	4.14
			12		23.351	18.330	0.402	364.41	780.39	116.67	209.67	69.35	3.95	2.24	1.72	44.01	19.43	16.01	0.400	2.00	4.22
14/9	140	90	8	12	18.038	14.160	0.453	365.64	730.53	120.69	195.79	70.83	4.50	2.59	1.98	38.48	17.34	14.31	0.411	2.04	4.50
			10		22.261	17.475	0.452	445.50	913.20	140.03	245.92	85.82	4.47	2.56	1.96	47.31	21.22	17.48	0.409	2.12	4.58
			12		26.400	20.724	0.451	521.59	1096.09	169.79	296.89	100.21	4.44	2.54	1.95	55.87	24.95	20.54	0.406	2.19	4.66
			14		30.456	23.908	0.451	594.10	1279.26	192.10	348.82	114.13	4.42	2.51	1.94	64.18	28.54	23.52	0.403	2.27	4.74
15/9	150	90	8	12	18.839	14.788	0.473	442.05	898.35	122.80	195.96	74.14	4.84	2.55	1.98	43.86	17.47	14.48	0.364	1.97	4.92
			10		23.261	18.260	0.472	539.24	1122.85	148.62	246.26	89.86	4.81	2.53	1.97	53.97	21.38	17.69	0.362	2.05	5.01
			12		27.600	21.666	0.471	632.08	1347.50	172.85	297.46	104.95	4.79	2.50	1.95	63.79	25.14	20.80	0.359	2.12	5.09
			14		31.856	25.007	0.471	720.77	1572.38	195.62	349.74	119.53	4.76	2.48	1.94	73.33	28.77	23.84	0.356	2.20	5.17
			15		33.952	26.652	0.471	763.62	1684.93	206.50	376.33	126.67	4.74	2.47	1.93	77.99	30.53	25.33	0.354	2.24	5.21
			16		36.027	28.281	0.470	805.51	1797.55	217.07	403.24	133.72	4.73	2.45	1.93	82.60	32.27	26.82	0.352	2.27	5.25
16/10	160	100	10	13	25.315	19.872	0.512	668.69	1362.89	205.03	336.59	121.74	5.14	2.85	2.19	62.13	26.56	21.92	0.390	2.28	5.24
			12		30.054	23.592	0.511	784.91	1635.56	239.06	405.94	142.33	5.11	2.82	2.17	73.49	31.28	25.79	0.388	2.36	5.32
			14		34.709	27.247	0.510	896.30	1908.50	271.20	476.42	162.23	5.08	2.80	2.16	84.56	35.83	29.56	0.385	0.43	5.40
			16		29.291	30.835	0.510	1003.04	2181.79	301.60	548.22	182.57	5.05	2.77	2.16	95.33	40.24	33.44	0.382	2.51	5.48

续上表

型号	截面尺寸 /mm				截面面积 /cm²	理论质量 /(kg/m)	外表面积 /(m²/m)	惯性矩 /cm⁴					惯性半径 /cm			截面模数 /cm³			tan α	重心距离 /cm	
	B	b	d	r				I_x	I_{x1}	I_y	I_{y1}	I_u	i_x	i_y	i_u	W_x	W_y	W_u		X_0	Y_0
18/11	180	110	10	14	28.373	22.273	0.571	956.25	1940.40	278.11	447.22	166.50	5.80	3.13	2.42	78.96	32.49	26.88	0.376	2.44	5.89
			12		33.712	26.440	0.571	1124.72	2328.38	325.03	538.94	194.87	5.78	3.10	2.40	93.53	38.32	31.66	0.374	2.52	5.98
			14		38.967	30.589	0.570	1286.91	2716.60	369.55	631.95	222.30	5.75	3.08	2.39	107.76	43.97	36.32	0.372	2.59	6.06
			16		44.139	34.649	0.569	1443.06	3105.15	411.85	726.46	248.94	5.72	3.06	2.38	121.64	49.44	40.87	0.369	2.67	6.14
20/12.5	200	125	12	14	37.912	29.761	0.641	1570.90	3193.85	483.16	787.74	285.79	6.44	3.57	2.74	116.73	49.99	41.23	0.392	2.83	6.54
			14		43.687	34.436	0.640	1800.97	3726.17	550.83	922.47	326.58	6.41	3.54	2.73	134.65	57.44	47.34	0.390	2.91	6.62
			16		49.739	39.045	0.639	2023.35	4258.88	615.44	1058.86	366.21	6.38	3.52	2.71	152.18	64.89	53.32	0.388	2.99	6.70
			18		55.526	43.588	0.639	2238.30	4792.00	677.19	1197.13	404.83	6.35	3.49	2.70	169.33	71.74	59.18	0.385	3.06	6.78

注：截面图中的 $r_1 = 1/3d$ 及表中 r 的数据用于孔型设计，不作为交货条件。

L 型钢截面尺寸、截面面积、理论质量及截面特性　　　　　表 B-5

型号	截面尺寸/mm						截面面积 /cm²	理论质量 /(kg/m)	惯性矩 I_x /cm⁴	重心距离 Y_0/cm
	B	b	D	d	r	r_1				
L250×90×9×13	250	90	9	13	15	7.5	33.4	26.2	2190	8.64
L250×90×10.5×15			10.5	15			38.5	30.3	2510	8.76
L250×90×11.5×16			11.5	16			41.7	32.7	2710	8.90
L300×100×10.5×15	300	100	10.5	15			45.3	35.6	4290	10.6
L300×100×11.5×16			11.5	16			49.0	38.5	4630	10.7
L350×120×10.5×16	350	120	10.5	16			54.9	43.1	7110	12.0
L350×120×11.5×18			11.5	18			60.4	47.4	7780	12.0
L400×120×11.5×23	400	120	11.5	23	20	10	71.6	56.2	11900	13.3
L450×120×11.5×25	450	120	11.5	25			79.5	62.4	16800	15.1
L500×120×12.5×33	500	120	12.5	33			98.6	77.4	25500	16.5
L500×120×13.5×35			13.5	35			105.0	82.8	27100	16.6

附录 C　平面图形的几何性质

杆件在外力作用下的应力和变形，不仅取决于外力的大小和杆件的长度，而且取决于杆件截面的形状和尺寸。例如，在杆的轴向拉（压）计算中，将用到横截面面积；在圆轴的扭转计算中，将用到横截面的极惯性矩；在平面弯曲计算中，将用到横截面的轴惯性矩等。这些反映截面形状和尺寸的几何量及其性质是本附录将要讨论的内容。这些几何量主要包括形心、静矩、惯性矩、极惯性矩和惯性积等。

C.1 形心和静矩

C.1.1 形心

一个平面图形形心位置的确定,可以借助于确定等厚度匀质薄板的重心位置的方法。当薄板的厚度极其微小时,其重心就变成平面图形的形心了。按照理论力学中确定薄板重心位置的方法可知,对于如图 C-1 所示的等厚度匀质薄板,设其厚度为 t,密度为 ρ,面积为 A,则其重心的坐标 x_C 和 y_C 分别为

$$x_C = \frac{\int_A x\rho(t\mathrm{d}A)}{At\rho}, y_C = \frac{\int_A y\rho(t\mathrm{d}A)}{At\rho}$$

对于等厚度薄板,t 和 ρ 均为常量,故平面图形形心的坐标为

$$x_C = \frac{\int_A x\mathrm{d}A}{A}, y_C = \frac{\int_A y\mathrm{d}A}{A} \tag{C-1}$$

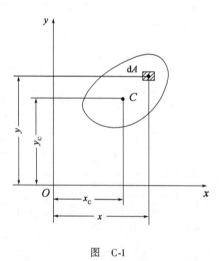

图 C-1

C.1.2 静矩

如图 C-1 所示图形的面积为 A,在坐标 (x,y) 处,取微面积元 $\mathrm{d}A$,遍及整个图形面积 A 的积分为

$$S_x = \int_A y\mathrm{d}A, S_y = \int_A x\mathrm{d}A \tag{C-2}$$

式中,S_x 和 S_y 分别定义为图形对 x 轴和 y 轴的静矩(一次矩)。图形对某个坐标轴的静矩不仅与图形的形状和尺寸有关,而且还与所选取的坐标轴有关。静矩的数值可能为正,可能为负,也可能为零。静矩的量纲为[长度]³。

根据式(C-2),形心坐标式(C-1)还可表示为

$$x_C = \frac{S_y}{A}, y_C = \frac{S_x}{A}$$

或

$$S_x = y_C A, S_y = x_C A \tag{C-3}$$

式(C-3)说明,平面图形对 x 轴和 y 轴的静矩,分别等于图形的面积 A 和图形形心坐标 x_C 和 y_C 的乘积。

由式(C-3)可知:若图形的静矩 $S_x = 0$ 或 $S_y = 0$,则 $x_C = 0$ 或 $y_C = 0$。即图形对某个轴的静矩为零时,该轴必通过图形的形心。反之,若 $x_C = 0$ 或 $y_C = 0$,则 $S_x = 0$ 或 $S_y = 0$,即图形对形心轴的静矩必为零。

例 C-1 试计算图 C-2 所示等腰三角形 ABD 对坐标轴 x 和 y 的静矩及形心的坐标。

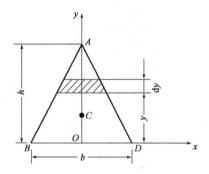

图 C-2

解:由于 y 轴为等腰三角形 ABD 的对称轴,故有静矩 $S_y = 0$ 及形心 C 坐标 $x_C = 0$。

根据静距的定义,可将该三角形分割为若干个平行于 x 轴的微面积元,如图 C-2 中阴影部分所示。由相似三角形的关系可知

$$b(y) = \frac{b}{h}(h - y)$$

$$dA = b(y)dy = \frac{b}{h}(h - y)dy$$

由式(C-2),得静矩

$$S_x = \int_A y dA = \int_0^h y \cdot \frac{b}{h}(h - y)dy = \frac{bh^2}{6}$$

形心 C 的坐标为

$$y_C = \frac{S_x}{A} = \frac{bh^2/6}{bh/2} = \frac{h}{3}$$

C.1.3 组合图形的静矩和形心

在工程实际中,有些截面图形是由若干个简单的几何图形(如矩形、圆形、三角形等)所组成的,这种截面称为组合截面。由于平面图形对某一轴的静矩等于其所有组成部分对该轴静矩的代数和,因此,由式(C-3)可得

$$S_x = \sum_{i=1}^n S_{x_i} = \sum_{i=1}^n A_i y_{C_i}, S_y = \sum_{i=1}^n S_{y_i} = \sum_{i=1}^n A_i x_{C_i} \tag{C-4}$$

式中:$S_x(S_y)$——组合图形对 x(或 y)轴的静矩;

$S_{x_i}(S_{y_i})$——组合图形对 x(或 y)轴的静矩;

$x_{C_i}(y_{C_i})$——简单图形的形心坐标;
A_i——简单图形的面积。

将式(C-4)代入式(C-3)得组合图形的形心坐标计算式

$$x_C = \frac{\sum_{i=1}^{n} A_i x_{C_i}}{\sum_{i=1}^{N} A_i}, y_C = \frac{\sum_{i=1}^{n} A_i y_{C_i}}{\sum_{i=1}^{N} A_i} \quad (C-5)$$

例 C-2 如图 C-3 所示为一对称的 T 形截面,试求该截面的形心位置。

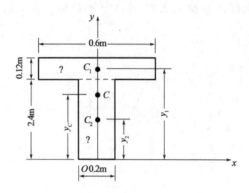

图 C-3

解:为求形心位置,首先应选一参考坐标系。为计算方便,选图形的对称轴为 y 轴,过底边的轴为 x 轴。形心 C 必在对称轴 y 轴上,故 $x_C = 0$。

将该组合图形分为 I 和 II 两个矩形,则

$$A_1 = 0.6 \times 0.12 = 0.072 (\text{m}^2)$$
$$y_{C1} = 2.4 + \frac{1}{2} \times 0.12 = 2.46 (\text{m})$$
$$A_2 = 0.2 \times 2.4 = 0.48 (\text{m}^2)$$
$$y_{C2} = \frac{1}{2} \times 2.4 = 1.2 (\text{m})$$

由式(C-5),得

$$y_C = \frac{A_1 y_{C1} + A_2 y_{C2}}{A_1 + A_2} = 1.36 (\text{m})$$

C.2 惯性矩和惯性积

C.2.1 惯性矩和极惯性矩

任意截面的图形如图 C-4 所示,其面积为 A,x 轴和 y 轴为平面图形所在平面内的一对任意直角坐标轴。在坐标为 (x,y) 处取一微面积 $\mathrm{d}A$,则 $x^2 \mathrm{d}A$ 和 $y^2 \mathrm{d}A$ 分别称为该微面积 $\mathrm{d}A$ 对于 y 轴和 x 轴的惯性矩,而遍及整个截面图形面积 A 的积分为

$$I_x = \int_A y^2 \mathrm{d}A, \quad I_y = \int_A x^2 \mathrm{d}A \quad (C-6)$$

式中,I_x 和 I_y 分别定义为截面图形对于 x 轴和 y 轴的惯性矩。

由于积分式中的 x^2、y^2 总为正值,因此,I_y、I_x 也总是正值。惯性矩的常用单位为 m^4 和或 mm^4。

以 ρ 表示微面积 dA 到坐标原点 O 的距离(图 C-4),而遍及整个截面图形面积 A 的积分为

$$I_p = \int_A \rho^2 dA \tag{C-7}$$

定义为截面图形对坐标原点 O 的极惯性矩。I_x、I_y 和 I_p 不仅在形式上相似,而且它们之间还有内在联系,从图 C-4 中可以看出

$$\rho^2 = z^2 + y^2$$

于是有

$$I_p = \int_A \rho^2 dA = \int_A (y^2 + z^2) dA = I_x + I_y \tag{C-8}$$

即截面图形对于任意一对互相垂直的坐标轴的惯性矩之和,恒等于它对于该两轴交点的极惯性矩。

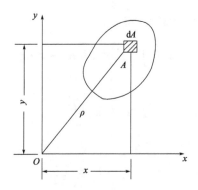

图 C-4

例 C-3 求如图 C-5 所示矩形截面对于对称轴 x 轴和 y 轴的惯性矩。

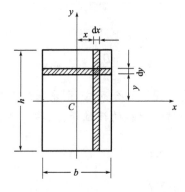

图 C-5

解:取平行于 x 轴的微小狭长矩形(图中的阴影面积)为微面积,则 $dA = bdy$
由式(C-6),可得

$$I_x = \int_A y^2 dA = \int_{-h/2}^{h/2} y^2 \cdot bdy = \frac{bh^3}{12}$$

同理,得
$$I_y = \int_A x^2 dA = \int_{-b/w}^{b/2} x^2 \cdot h dx = \frac{hb^3}{12}$$

例 C-4 求如图 C-6 所示圆形截面的 I_y、I_z、I_p。

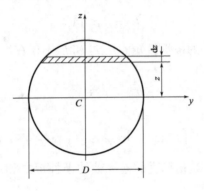

图 C-6

解:如图 C-6 所示,取 dA,根据定义,得
$$I_y = \int_A z^2 dA = \int_{-\frac{D}{2}}^{\frac{D}{2}} z^2 \times 2\sqrt{R^2 - z^2} dz = \frac{\pi D^4}{64}$$

由于图 C-6 轴对称,有
$$I_y = I_z = \frac{\pi D^4}{64}$$

由式(C-8)可得
$$I_p = I_x + I_y = \frac{\pi D^4}{32}$$

对于空心圆截面,外径为 D,内径为 d,则
$$I_y = I_z = \frac{\pi D^4}{64}(1 - \alpha^4)$$
$$\alpha = \frac{d}{D}$$
$$I_p = \frac{\pi D^4}{32}(1 - \alpha^4)$$

若一个平面图形由若干个简单图形组合而成,则求该组合图形对坐标轴的惯性矩时,可以分别计算其中每一个图形对同一对坐标轴的惯性矩,然后求其代数和,即

$$\begin{cases} I_x = \sum_{i=1}^n I_{xi} \\ I_y = \sum_{i=1}^n I_{yi} \\ I_z = \sum_{i=1}^n I_{zi} \end{cases} \tag{C-9}$$

$$I_p = \sum_{i=1}^n I_{pi} \tag{C-10}$$

例 C-5 求如图 C-7 所示工字形截面对其对称轴 x 轴的惯性矩。

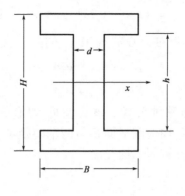

图 C-7

解： 该工字形截面可以视为边长为 B、H 的大矩形和边长为 $\frac{1}{2}(B-d)$、h 的两个小矩形之差。由式(C-9)可得

$$I_x = \frac{1}{12}BH^3 - 2 \times \frac{1}{12} \times \frac{1}{2}(B-d)h^3 = \frac{1}{12}[BH^3 - (B-d)h^3]$$

C.2.2 惯性积

如图 C-4 所示，微面积 $\mathrm{d}A$ 与两坐标轴 x、y 的乘积 $xy\mathrm{d}A$ 称为该微面积 $\mathrm{d}A$ 对于 x、y 两坐标轴的惯性积，而遍及整个截面图形面积 A 的积分

$$I_{xy} = \int_A xy\mathrm{d}A \tag{C-11}$$

则定义为截面图形对于 x、y 轴的惯性积。惯性积的常用单位为 m^4 和 mm^4。

C.3 平行移轴公式

同一平面图形，对相互平行的两个坐标轴的惯性矩是不同的。设有任一平面图形如图 C-8 所示，图形的面积为 A，x 轴和 y 轴是任意选定的参考坐标轴。C 是图形的形心，坐标为 (b, a)。x_C 轴和 y_C 轴是分别平行于 x 轴和 y 轴的形心轴。在图形中取微面积 $\mathrm{d}A$，其坐标存在着如下关系：

$$x = x_C + b, \quad y = y_C + a$$

图形对形心轴的惯性矩分别为

$$I_{x_C} = \int_A y_C^2 \mathrm{d}A, \quad I_{y_C} = \int_A x_C^2 \mathrm{d}A$$

图形对 z 轴与 y 轴的惯性矩分别为

$$I_x = \int_A y^2 \mathrm{d}A = \int_A (y_C + a)^2 \mathrm{d}A$$
$$= \int_A y_C^2 \mathrm{d}A + 2a\int_A y_C \mathrm{d}A + a^2 \int_A \mathrm{d}A = I_{x_C} + 2aS_{x_C} + a^2 A$$
$$I_y = \int_A x^2 \mathrm{d}A = \int_A (x_C + b)^2 \mathrm{d}A$$

$$= \int_A x_C^2 dA + 2b\int_A x_C dA + b^2\int_A dA = I_{y_C} + 2bS_{y_C} + b^2 A$$

上两式中 S_{x_C} 和 S_{y_C} 分别是图形对形心轴 x_C 和 y_C 的静矩，它们都为零。因此

$$\begin{cases} I_x = I_{x_C} + a^2 A \\ I_y = I_{y_C} + b^2 A \end{cases} \tag{C-12}$$

式(C-12)称为惯性矩的平行移轴公式。该式表明，图形对任一坐标轴的惯性矩，等于它对平行于该轴的形心轴的惯性矩，加上图形面积与两轴间距离平方的乘积。利用平行移轴公式，可使组合截面图形惯性矩的计算得以简化。

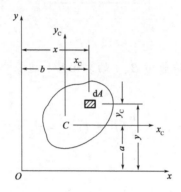

图 C-8

例 C-6 试计算如图 C-9 所示对称 T 形截面对形心轴 x 和 y 的惯性矩 I_x 和 I_y。

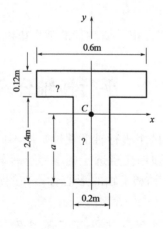

图 C-9

解：(1) 确定截面形心位置

由例 C.2 已求得此种图形的形心 C 在对称轴 y 轴上，到底边的距离 $a = 1.36$ m。

(2) 计算图形对其形心轴的惯性矩

该 T 形截面由 I 和 II 两个矩形组成，每个矩形对其自身形心轴的惯性矩可按例 C.3 计算。利用平行移轴公式就可求出 T 形截面对形心轴 x 的惯性矩 I_x 为

$$I_x = I_{xI} + I_{xII} = \left[\frac{0.6 \times 0.12^3}{12} + (2.46 - 1.36)^2 \times (0.6 \times 0.12) + \frac{0.2 \times 2.4^3}{12} + \right.$$
$$\left. (1.36 - 1.2)^2 \times (0.2 \times 2.4)\right] \approx 0.330 \, (\text{m}^4)$$

由于 y 轴为对称轴，Ⅰ和Ⅱ两个矩形的形心都在 y 轴上，故可直接利用式（C-12）求出 T 形截面对轴 y 的惯性矩为

$$I_y = I_{y1} + I_{y2} = \frac{0.12 \times 0.6^3}{12} + \frac{2.4 \times 0.2^3}{12} = 3.76 \times 10^{-3}（\text{m}^4）$$

C.4 惯性矩和惯性积的转轴公式

C.4.1 转轴公式

现在将介绍当一对坐标轴绕其原点转动时，截面对于转动前后的两对不同坐标轴的惯性矩或惯性积间的关系。任一平面图形如图 C-10 所示，其中 x 和 y 轴是原点为 O 的任一对坐标轴，它对于通过其上任意一点 x、y 两坐标轴的惯性矩 I_x、I_y 以及惯性积 I_{xy} 均为已知。若这一对坐标轴绕 O 点旋转 α 角（以逆时针方向旋转为正）至 x_1、y_1 位置，则该截面对于 x_1、y_1 这两个新坐标轴的惯性矩和惯性积分别为 I_{x_1}、I_{y_1} 和 $I_{x_1y_1}$，它们都可以用已知的 I_x、I_y 和 α 角来表达。由图 C-10 可知

$$x_1 = \overline{OH} = \overline{OE} + \overline{EH} = x\cos\alpha + y\sin\alpha$$
$$y_1 = \overline{MH} = \overline{MG} - \overline{HG} = y\cos\alpha - x\sin\alpha$$

将 y_1 代入式（C-5）中的第一式，经过展开并逐项积分后，即得该截面对于 x_1 坐标轴的惯性轴的惯性矩 I_{x_1} 为

$$I_{x_1} = \cos^2\alpha \int_A y^2 dA + \sin^2\alpha \int_A x^2 dA - 2\sin\alpha\cos\alpha \int_A xy dA \tag{C-13}$$

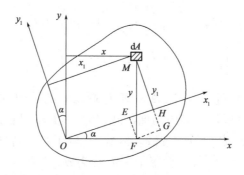

图 C-10

根据惯性矩和惯性积的定义，上式右端的各项积分分别为

$$\int_A y^2 dA = I_x, \int_A x^2 dA = I_y, \int_A xy dA = I_{xy}$$

将其代入式（C-13）并改用二倍角函数的关系，并同理可得

$$\begin{cases} I_{x_1} = \dfrac{I_x + I_y}{2} + \dfrac{I_x - I_y}{2}\cos2\alpha - I_{xy}\sin2\alpha \\[6pt] I_{y_1} = \dfrac{I_x + I_y}{2} + \dfrac{I_x - I_y}{2}\cos2\alpha + I_{xy}\sin2\alpha \\[6pt] I_{x_1y_1} = \dfrac{I_x - I_y}{2}\sin2\alpha + I_{xy}\cos2\alpha \end{cases} \tag{C-14}$$

式(C-14)就是惯性矩和惯性积的转轴公式。将式(C-14)前两式的左右两边分别相加，可得

$$I_{x_1} + I_{y_1} = I_x + I_y = I_p \tag{C-15}$$

式(C-15)表明，平面图形对通过同一原点的任意一对正交轴的惯性矩之和为一常数，其值等于该图形对于该坐标原点的极惯性矩。

C.4.2 主惯性轴与主惯性矩

由式(C-14)第三式可知，当坐标轴旋转时，惯性积 I_{xy} 将随着 α 角作周期性变化，且有正有负。因此，总可以找到一个特殊的角度 α_0，使截面对于 x_0、y_0 这两个新坐标轴的惯性积等于零，这一对轴就称为主惯性轴。截面对于主惯性轴的惯性矩即称为主惯性矩。这一对主惯性轴的交点与截面的形心重合时，它们就称为形心主惯性轴。截面对于这一对轴的惯性矩即称为形心主惯性矩，它们是在弯曲等问题的计算中要用到的截面的主要几何性质。

设 α_0 为主惯性轴与原坐标轴之间的夹角，为确定 α_0，令式(C-14)第三式等于零，得

$$I_{x_0 y_0} = \frac{I_x - I_y}{2}\sin 2\alpha_0 + I_{xy}\cos 2\alpha_0 = 0$$

解得

$$\tan 2\alpha_0 = -\frac{2I_{xy}}{I_x - I_y} \tag{C-16}$$

由此解出的 α_0 值，就确定了两主惯性轴中 x_0 轴的位置。将所得到的 α_0 值代入式(C-14)的第一、二式，即得截面的主惯性矩为

$$\begin{cases} I_{\max} = \dfrac{I_x - I_y}{2} + \sqrt{\left(\dfrac{I_x - I_y}{2}\right)^2 + I_{xy}^2} \\ I_{\min} = \dfrac{I_x + I_y}{2} - \sqrt{\left(\dfrac{I_x - I_y}{2}\right)^2 + I_{xy}^2} \end{cases} \tag{C-17}$$

由式(C-14)的第一、二式可见，惯性矩 I_{x_1} 和 I_{y_1} 都是 α 的函数，而 α 可在 $0° \sim 360°$ 的范围内变化，因此，I_{x_1} 和 I_{y_1} 必然有极值。又由前面的式(C-15)可知，截面对于通过同一点的任意一对坐标轴的两惯性矩 I_{x_1} 和 I_{y_1} 之和为一常数。因此，对应于某一特殊的 α，它们中的一个为极大值时则另一个为极小值。设 I_{x_1} 和 I_{y_1} 为极值时的 α 为 α_1，则有

$$\frac{dI_{x_1}}{d\alpha}\bigg|_{\alpha=\alpha_1} = 0 \text{ 和 } \frac{dI_{y_1}}{d\alpha}\bigg|_{\alpha=\alpha_1} = 0$$

由此解得的 α_1 与由式(C-16)所解得的 α_0 相同。从而可知，截面对于通过任一点的主惯性轴的主惯性矩之值，也就是它对于通过该点的所有轴的惯性矩中的极大值 $I_{\max}$ 和极小值 $I_{\min}$。由式(C-17)可见，I_{x_0} 就是 $I_{\max}$，而 I_{y_0} 则是 $I_{\min}$。

只要截面具有一个对称轴，则该对称轴就是形心主惯性轴，因为对称轴必通过截面形心，且对于包括对称轴在内的一对坐标轴，截面的惯性积等于零。因此，截面对于对称轴以及与对称轴垂直的形心轴的惯性矩都是形心主惯性矩。

参考文献

[1] 古滨. 材料力学[M]. 北京:北京理工大学出版社,2012.
[2] 苏翼林. 材料力学[M]. 4版. 天津:天津大学出版社,2006.
[3] 刘庆潭. 材料力学[M]. 北京:机械工业出版社,2003.
[4] 单辉祖. 材料力学[M]. 4版. 北京:高等教育出版社,2010.
[5] 严圣平. 材料力学[M]. 北京:科学出版社,2012.
[6] 范钦珊. 材料力学[M]. 2版. 北京:高等教育出版社,2005.
[7] 邱棣华. 材料力学[M]. 北京:高等教育出版社,2004.
[8] 刘鸿文. 材料力学[M]. 6版. 北京:高等教育出版社,2017.
[9] 张耀. 材料力学[M]. 北京:清华大学出版社,2015.
[10] 孙训方. 材料力学[M]. 6版. 北京:高等教育出版社,2016.